Uta Rohrschneider / Sarah Friedrichs / Michael Lorenz

Erfolgsfaktor Potenzialanalyse

Uta Rohrschneider
Sarah Friedrichs / Michael Lorenz

Erfolgsfaktor Potenzialanalyse

Aktuelles Praxiswissen zu Methoden und Umsetzung in der modernen Personalentwicklung

Bibliografische Information der Deutschen Nationalbibliothek
Die Deutsche Nationalbibliothek verzeichnet diese Publikation in der
Deutschen Nationalbibliografie; detaillierte bibliografische Daten sind im Internet über
<http://dnb.d-nb.de> abrufbar.

1. Auflage 2010

Alle Rechte vorbehalten
© Gabler Verlag | Springer Fachmedien Wiesbaden GmbH 2010

Lektorat: Stefanie A. Winter

Gabler Verlag ist eine Marke von Springer Fachmedien.
Springer Fachmedien ist Teil der Fachverlagsgruppe Springer Science+Business Media.
www.gabler.de

Das Werk einschließlich aller seiner Teile ist urheberrechtlich geschützt. Jede Verwertung außerhalb der engen Grenzen des Urheberrechtsgesetzes ist ohne Zustimmung des Verlags unzulässig und strafbar. Das gilt insbesondere für Vervielfältigungen, Übersetzungen, Mikroverfilmungen und die Einspeicherung und Verarbeitung in elektronischen Systemen.

Die Wiedergabe von Gebrauchsnamen, Handelsnamen, Warenbezeichnungen usw. in diesem Werk berechtigt auch ohne besondere Kennzeichnung nicht zu der Annahme, dass solche Namen im Sinne der Warenzeichen- und Markenschutz-Gesetzgebung als frei zu betrachten wären und daher von jedermann benutzt werden dürften.

Umschlaggestaltung: KünkelLopka Medienentwicklung, Heidelberg
Gedruckt auf säurefreiem und chlorfrei gebleichtem Papier
Printed in Germany

ISBN 978-3-8349-2260-1

Vorwort

Management: Die schöpferischste aller Künste.
Es ist die Kunst, Talente richtig einzusetzen.

Robert McNamara

Dass der Erfolg eines Unternehmens maßgeblich von den Mitarbeitern und hier insbesondere von den leistungsstarken Mitarbeitern abhängt, muss nicht diskutiert werden. Entsprechend begehrt sind diese auf dem Arbeitsmarkt, in manchen Branchen schon jetzt kaum noch zu finden. Doch der demografische Wandel stellt die Unternehmen in diesem Zusammenhang vor eine noch größere Herausforderung: Die verfügbaren Leistungsträger werden immer weniger. Um den Unternehmenserfolg in vielen Branchen auf dem gleichem Niveau halten zu können, sind HR-Verantwortliche jetzt gefragt, die Potenzial- und Leistungsträger von morgen sowohl stärker als bisher als auch innerhalb des Unternehmens zu identifizieren und zu fördern.

Der Schlüssel zu einem zukunftssichernden Talentmanagement liegt in einer umfassenden und aussagekräftigen Potenzialdiagnostik. Wir möchten deswegen in diesem Buch aufzeigen, welche Verfahren und Vorgehensweisen der Potenzialanalyse für welche Fragestellung und Zielgruppe eingesetzt werden können und was bei der Konzeption und Gestaltung der eigenen Potenzialdiagnostik zu beachten ist. Anhand von vielen Praxisbeispielen, untermauert mit umfassendem Erfahrungswissen in der Konzeption und Umsetzung von Potenzialanalysen sowie aus der jahrelangen Zusammenarbeit mit Unternehmen geben wir praxisnahe Antworten auf Fragen wie: „Welches Verfahren ist für uns das richtige?", „Wie erfasse ich Kompetenzen und Potenziale auf höheren Führungsebenen?", „Welche modernen und kreativen Formen der Potenzialanalyse gibt es?" usw.

Als Leser gewinnen Sie mit diesem Buch die notwendigen Kenntnisse, um diagnostische Verfahren in ihrer Leistungsfähigkeit für Ihre Zielsetzung einzuschätzen und effiziente Verfahren im eigenen Unternehmen zu etablieren.

Dabei wünschen wir Ihnen schon jetzt viel Erfolg!

Ein besonderer Dank gilt unseren Kolleginnen, Dr. Susanne Eckel und Andrea Osthoff, ohne deren unermüdliche Unterstützung und konstruktive Mitarbeit dieses Buch so nicht entstanden wäre.

Gummersbach, Mai 2010

Uta Rohrschneider,
Sarah Friedrichs,
Michael Lorenz

Inhaltsverzeichnis

Vorwort 5
Abbildungsverzeichnis 11

1 Die Bedeutung der Potenzialanalyse im Gesamtkontext eines zukunftsorientierten Talentmanagements 15
   1.1 Talentmanagement als Herausforderung eines zukunftsorientierten Personalmanagements 16
   1.2 Die Auswirkung des demografischen Wandels auf die Mitarbeiterstrukturen im Unternehmen 18
   1.3 Attraktive Arbeitgeber haben weniger Nachwuchsprobleme 20
   1.4 Nutzen der Personalentwicklung für die Mitarbeiterbindung 21
   1.5 Potenzialanalysen als gemeinsame Aufgabe von Human-Resources-Verantwortlichen und Führungskräften 23
   1.6 Potenzial – was ist das eigentlich? 25
   1.7 Potenzialanalysen – was hat der Mitarbeiter davon? 27

2 Potenzialanalysen entwickeln und durchführen – Planung und Prozessorientierung als wesentliche Erfolgsfaktoren 29
   2.1 Warum wollen wir Potenzialanalysen einführen, welches Ziel wollen wir damit erreichen? 29
   2.2 Wer will im Unternehmen, dass Potenzialeinschätzungen durchgeführt werden? 31
   2.3 Was kennzeichnet unsere Ausgangssituation? 33
   2.4 Welche Erfahrungen mit Potenzialanalyseverfahren bestehen im Unternehmen? 34
   2.5 Welches Verfahren ist für uns am besten geeignet? 34
   2.6 Wo im Unternehmen können wir Unterstützer und Promotoren finden? 34
   2.7 An welcher Stelle und wie wollen wir die Arbeitnehmervertretung involvieren? 35
   2.8 Inwieweit verfügt der Personal- oder Personalentwicklungsbereich über die notwendigen Ressourcen zur Entwicklung und Durchführung der geplanten Potenzialeinschätzungen? 37

2.9 Wie werden wir den Kommunikationsprozess zur
Einführung der Potenzialanalyse gestalten? 38

2.10 Welche Zielgruppen sollten in die Potenzialeinschätzung
einbezogen werden? 39

2.11 Wie erfolgt die Auswahl der Kandidaten für die Teilnahme? 40

2.12 Welche Kompetenzen wollen wir im Rahmen
der Potenzialanalyse erfassen und bewerten? 41

2.13 Welches Verfahren ist das für unsere Zielsetzung
am besten geeignete? 43

2.14 Wer nimmt an den Potenzialeinschätzungen
als Beobachter teil? 44

2.15 Wie bereiten wir die Beobachter/Bewerter vor? 45

2.16 Wie gestalten wir das Feedback an die Teilnehmer? 46

2.17 Wie werden die Ergebnisse kommuniziert und dokumentiert? ...47

3 Die Anforderungsanalyse – Basis jeder Potenzialeinschätzung 51
3.1 Gestaltung positionsspezifischer Anforderungsanalysen 54
3.2 Von der Anforderungsanalyse zum Anforderungsprofil 61
3.3 Qualitätssicherung – Überprüfung der erarbeiteten
Anforderungskriterien 66
3.4 Die Bedeutung der Persönlichkeit für den beruflichen Erfolg 68

4 Assessment-Center – der klassische Ansatz
in der Potenzialanalyse 71
4.1 Assessment-Center in der Personalauswahl
und -entwicklung 73
4.2 Von großem Vorteil – Gestaltungsvielfalt
von Assessment-Centern 77
4.3 Situationssimulationen im Assessment-Center 82
4.4 Organisatorische Begleitung eines Assessment-Centers 91
4.5 Praxisbeispiel: Unternehmensbeispiele für eine zielgruppen- und
anforderungsspezifische Assessment-Center-Konstruktion 94
4.6 Kritische Betrachtung des Assessment-Centers 102

Inhaltsverzeichnis

5 Potenzialanalyse mal anders – Alternativen zum klassischen Assessment-Center 107
  5.1 Praxisbeispiel: Führungspotenzial in komplexen In- und Outdoor-Situationen erfassen 108
  5.2 Das „Leadership in practice" als Potenzialanalyse 121

6 Das Management Audit in der Potenzialanalyse 129
  6.1 Management Audit – ein Überblick 129
  6.2 Wozu dient das Management Audit? 130
  6.3 Mit wem Sie Management Audits durchführen können 131
  6.4 Bestandteile des Management Audits 132
  6.5 Von der Planung zur Realisierung – worauf Sie achten sollten 138
  6.6 Die Ergebnisdokumentation als Entscheidungsgrundlage 141
  6.7 Praxisbeispiel: Unternehmensspezifische Konstruktion eines Management Audits zur Besetzung hoher Führungspositionen 144

7 Mehrwert innovativer Persönlichkeitstests in der Potenzialdiagnostik 149
  7.1 Motivationsstrukturanalyse nach Steven Reiss 154
  7.2 Persönlichkeitsfragebögen in der Potenzialanalyse – darauf sollten Sie achten 166

8 Perspektivenvielfalt – Kombination verschiedener Verfahren 169
  8.1 Praxisbeispiel: „Karrieregespräche" für High Potentials 169
  8.2 Praxisbeispiel: Modulares Potenzialanalyse-Audit für Top-Führungskräfte 178
  8.3 Nutzen und Vorteile multimodularer Analysetools 184

9 Potenziale entdecken ohne Zusatzaufwand – bestehende Personalentwicklungs- und Führungsinstrumente nutzen 187
  9.1 Beurteilungs- und Feedbackinstrumente als Instrumente zur Potenzialableitung implementieren und ausbauen 188
  9.2 Aus Führungs- und Personalentwicklungsinstrumenten Potenzialinformationen gewinnen 197

9.3 Qualitätsgewinn durch die Kombination
verschiedener Instrumente 203

10 Ungeeignet – was nun? Wie Sie den Verliererstempel vermeiden 205

Literaturverzeichnis 211
Die Autoren 213

Abbildungsverzeichnis

Abbildung 1.1: Anteil der Leistungsträger am gesamten Personalbestand 17

Abbildung 1.2: Gallup-Engagement-Index: Mitarbeiterloyalität;
Quelle: Befragung von knapp 2.000 deutschen Arbeitnehmern im Zeitraum Ende Oktober bis Ende November 2008, Gallup Deutschland, Berlin 2009 22

Abbildung 2.1: Ergebnis einer Nutzwertanalyse 31

Abbildung 2.2: Die Ausgangssituation für Potenzialanalysen umfassend klären 33

Abbildung 2.3: Checkliste notwendiger Materialien für das Verfahren 44

Abbildung 2.4: Checkliste zur Konzeption einer Potenzialanalyse (Teil I) 49

Abbildung 3.1: Exemplarische Anforderungsanalyse in drei Schritten für ein Positionsziel 59

Abbildung 3.2: Ableitung der Verhaltensanker aus den Kompetenzen einer Kompetenzdimension 61

Abbildung 3.3: Verhaltensanker der Anforderungsdimension „Gesprächsführungskompetenz" und siebenstufige Bewertungsskala 63

Abbildung 3.4: Beispielhaftes Anforderungsprofil mit Soll-Werten 64

Abbildung 3.5: Überprüfung der Anforderungskriterien mit Paarvergleichen 67

Abbildung 3.6: Gewichtung der Anforderungen entsprechend der Bedeutsamkeit 67

Abbildung 3.7 Die Persönlichkeit als Grundlage für die Leistungsfähigkeit eines Menschen 69

Abbildung 4.1: Ausschnitt aus einem Zeitplan für ein Assessment-Center 93

Abbildung 4.2: Anforderungsdimensionen des Kompetenzprofils 96

Abbildung 4.3: Verhaltensanker zur Dimension „Unternehmensweite Kooperation" und fünfstufige Beobachtungsskala 97

Abbildung 5.1: Ausschnitt aus dem Anforderungsprofil 111
Abbildung 5.2: Zeitplan des Outdoor-Assessment-Centers (Teil I) 117
Abbildung 5.3: Zeitplan des Outdoor-Assessment-Centers (Teil II) 117
Abbildung 5.4: Zeitplan des „Leadership in practice" (Teil I) 125
Abbildung 5.5: Zeitplan des „Leadership in practice" (Teil II) 125
Abbildung 6.1: Exemplarische Interviewinhalte zur Erfassung beispielhafter Kompetenzen (Teil I) 133
Abbildung 6.2: Exemplarische Interviewinhalte zur Erfassung beispielhafter Kompetenzen (Teil II) 134
Abbildung 6.3: Beispiel für einen Interviewleitfaden mit integrierter Beobachtungsskala (Teil I) 136
Abbildung 6.4: Beispiel für einen Interviewleitfaden mit integrierter Beobachtungsskala (Teil II) 137
Abbildung 6.5: Exemplarischer Zeitplan für ein Management Audit (Teil I) 140
Abbildung 6.6: Exemplarischer Zeitplan für ein Management Audit (Teil II) 140
Abbildung 6.7: Auszug aus einem Ergebnisbericht zu einem Management Audit 141
Abbildung 6.8: Exemplarisches Portfolio zur Darstellung der Ergebnisse der Teilnehmer: Beurteilung hinsichtlich Veränderungsbereitschaft und Leistungsorientierung 143
Abbildung 6.9: Exemplarisches Ergebnisprofil mit Soll/Ist-Vergleich 144
Abbildung 7.1: Exemplarische Auswahl gängiger Persönlichkeitsverfahren (Teil I) 151
Abbildung 7.2: Exemplarische Auswahl gängiger Persönlichkeitsverfahren (Teil II) 152
Abbildung 7.3: Motivationsprofil nach Steven Reiss 154
Abbildung 7.4 Die Bedeutung der 16 Lebensmotive (Teil I) 156
Abbildung 7.5: Die Bedeutung der 16 Lebensmotive (Teil II) 156
Abbildung 7.6: Die Bedeutung der 16 Lebensmotive (Teil III) 157

Abbildung 7.7: Ein mögliches Soll-Motivationsprofil 162
Abbildung 7.8: Unterschiedliche Lernaufgaben aus dem Reiss-Profile:
Motivstruktur von Kandidat 1 164
Abbildung 7.9: Unterschiedliche Lernaufgaben aus dem Reiss-Profile:
Motivstruktur von Kandidat 2 165
Abbildung 8.1: Karrieregespräche für High-Potentials:
Zusammensetzung 173
Abbildung 8.2: Computergestützte Referenzeinschätzung 174
Abbildung 8.3: Form und Inhalte der Ergebnisrückmeldung 176
Abbildung 8.4: Kombination der ausgewählten Verfahren für
das multimodulare Audittool 180
Abbildung 8.5: Die Führungsebene als Grundlage für die
Ausrichtung der Aufgaben hinsichtlich Management- oder
Führungsperspektive 181
Abbildung 9.1: Potenzialeinschätzung während des Beurteilungsverfahrens 198
Abbildung 9.2: Portfolio zur Identifikation der Leistungsträger
und Ableitung konkreter Maßnahmen 200

1 Die Bedeutung der Potenzialanalyse im Gesamtkontext eines zukunftsorientierten Talentmanagements

Der „war for talents" ist inzwischen in aller Munde und dies nicht ohne Grund. Der Blick in die Zukunft, insbesondere mit Blick auf die demografischen Veränderungen in den Industrieländern, gibt diesem Thema eine besondere Bedeutung. Das Handlungsfeld „Peoplemanagement" oder auch „Talentmanagement" gewinnt an Aufmerksamkeit. Manche Stimmen sagen bereits, dass der Aspekt, inwieweit einem Unternehmen sein Peoplemanagement erfolgreich gelingt, über seine Wettbewerbsposition in der Zukunft entscheidet.

Mit Talentmanagement ist die Suche, Entwicklung und langfristige Bindung qualifizierter Mitarbeiter gemeint. In diesem Gesamtprozess spielt die Identifikation von Talenten oder Potenzialträgern im eigenen Unternehmen eine entscheidende Rolle. Wenn Sie Mitarbeiter entwickeln und fördern wollen, müssen Sie die folgenden Fragen beantworten können:

- Wen können und wollen wir fördern?
- Wer verfügt über das Potenzial, anspruchsvolle und komplexe Aufgaben in der Zukunft zu übernehmen?
- Wer ist heute in seiner Position schon Leistungsträger und kann noch weiterentwickelt werden?

Genau hier setzen die Methoden der Potenzialanalyse an. Um die Fragen nach den Potenzialträgern zu beantworten, brauchen Sie Instrumente, um sie im Unternehmen zu identifizieren. Diese Instrumente stellen wir im vorliegenden Buch vor. Damit wollen wir Sie unterstützen, die notwendigen Prozesse, Strukturen und Instrumente zu entwickeln und zu etablieren, um eine zukunftsorientierte Potenzialanalyse als Basis einer gezielten und individuellen Förderung und Entwicklung der Leistungsträger und

Talente zu gewährleisten. Wie Sie dabei vorgehen können und welche Gestaltungsmöglichkeiten Sie haben, zeigen wir in den nachfolgenden Kapiteln auf.

Instrumente der Potenzialanalyse sind elementarer Bestandteil eines zielorientierten und ganzheitlichen Talentmanagements. Um die Bedeutung des Talentmanagements und damit der Potenzialanalyse für ein zukunftsorientiertes Human Resources Management zu verdeutlichen, zeigen wir im nächsten Schritt wichtige Rahmenaspekte auf, in die das Thema eingebettet ist.

1.1 Talentmanagement als Herausforderung eines zukunftsorientierten Personalmanagements

Dass Talentmanagement zu den größten Herausforderungen des Personalmanagements in der Zukunft zählt, wird u. a. durch die weltweite Studie „Creating people advantage: How to address HR-challenges worldwide through 2015" belegt, die von der Boston Consulting Group und dem Weltverband der Vereinigung für Personalführung durchgeführt wurde. In einer Online-Erhebung in 38 Ländern wurden Human-Resources-Verantwortliche und andere Führungskräfte nach den wichtigsten zukünftigen Herausforderungen befragt. Die beteiligten 4.700 Führungskräfte sollten sich zu 17 Themen aus dem Bereich Personalmanagement sowie zu 194 spezifischen Maßnahmen äußern. Ergänzt wurde die Studie durch vertiefende Interviews mit ausgewählten Führungskräften. Zu den wichtigsten Themen, die zwischen 2010 und 2015 für Unternehmen eine besondere Relevanz erhalten, bei denen aber auch gleichzeitig noch große Schwächen gesehen werden, zählen:

1. Die Entwicklung und Bindung der besten Mitarbeiter; hier stehen das Talentmanagement sowie die Verbesserung der Leadership-Qualitäten und der Work-Life-Balance im Vordergrund.

2. Die Vorbereitung auf Veränderung; hier stehen Demografie und Changemanagement sowie die Transformation der Unternehmenskultur und die weitergehende Vorbereitung auf die Globalisierung im Vordergrund.

3. Das Schaffen von Voraussetzungen in der Organisation; hierbei stehen insbesondere die Lernorganisationen und die Weiterentwicklung von Human Resources (HR) zum strategischen Partner des Managements im Vordergrund.

Talentmanagement trägt der Anforderung Rechnung, dass jedes Unternehmen eine gewisse Anzahl an Leistungsträgern benötigt, die u. a. dafür Sorge tragen, dass das Unternehmen im Wettbewerb besteht, dass neue Produkte entwickelt und zur Marktreife gebracht werden, dass Prozesse optimiert und die Leistungsfähigkeit des Unternehmens gesteigert wird. Vor diesem Hintergrund ist es für Unternehmen wichtig, frühzeitig Talente zu identifizieren, die für nationale oder auch internationale Aufgabenfelder zur Verfügung stehen und die gleichzeitig in der Lage sowie bereit sind, ihre angestammten Tätigkeitsfelder zu verlassen und vermehrt Verantwortung zu übernehmen.

Leider stehen diese Talente nicht in beliebiger Anzahl zur Verfügung. Betrachtet man ihren Anteil am gesamten Personal, stellt man fest, dass die meisten Unternehmen im Schnitt nur über ca. 10 bis 15 Prozent Leistungsträger verfügen.

Abbildung 1.1: Anteil der Leistungsträger am gesamten Personalbestand

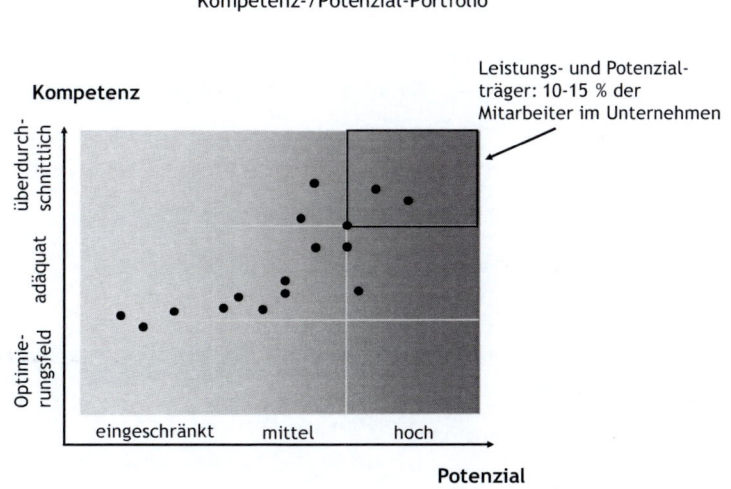

Diese Leistungsträger gilt es rechtzeitig zu identifizieren und gezielt im Unternehmen zu entwickeln und zu platzieren. Beachtet man des Weiteren die Auswirkungen des demografischen Wandels (siehe Kapitel 1.2), bekommt die Identifikation von Talenten eine zusätzliche Bedeutung.

1.2 Die Auswirkung des demografischen Wandels auf die Mitarbeiterstrukturen im Unternehmen

Die zukünftige demografische Entwicklung wird deutliche Auswirkungen auf die Gesellschaft und damit auf das Arbeitsleben haben. Die Annahme scheint berechtigt, dass es noch stärker als heutzutage notwendig wird, Talente zu identifizieren und zu gewinnen. Zur Verdeutlichung des demografischen Wandels wollen wir Ihnen einen kleinen Eindruck zur Entwicklung zukünftiger Beschäftigungszahlen geben:

1. Die Bevölkerungszahl sinkt von heute 82 Mio. auf 65 bis 70 Mio. im Jahr 2060.

2. 2060 wird es fast so viele 80-jährige wie 20-jährige Menschen geben. D. h. der Anteil der beschäftigungsfähigen Menschen sinkt deutlich.

3. Die Bevölkerung im Erwerbsalter altert besonders rapide im kommenden Jahrzehnt. Von den 20- bis 64-Jährigen werden um das Jahr 2020 40 Prozent zwischen 50 und 64 Jahren alt sein. D. h. wir haben einen hohen Anteil an älteren Beschäftigten, aber nur einen relativ geringen Anteil an jungen Nachwuchskräften. Gründe dafür sind zum einen in der geringen Geburtenrate zu sehen (1,4 Geburten pro Frau im gebärfähigen Alter), die dazu führt, dass die Sterbezahlen die Geburtenzahlen in Zukunft überschreiten werden. Im Jahr 2060 werden voraussichtlich etwa 550.000 mehr Menschen sterben als Kinder geboren werden.

4. Gleichzeitig sinkt auch die Anzahl der Frauen im gebärfähigen Alter und nimmt von 20 Mio. im Jahr 2001 auf 14 Mio. im Jahr 2060 ab.

5. Während heute noch knapp 50 Mio. Menschen der Altersgruppe 20 bis 65 angehören, werden es im Jahr 2035 nur noch 39 Mio. Menschen sein. Im Jahr 2060 liegen die Prognosen bei 36 Mio. Menschen im erwerbsfähigen Alter, was ungefähr 27 Prozent weniger sind als heute.

D. h., die maximal verfügbare Anzahl an Arbeitnehmern wird deutlich zurückgehen. Damit ist gleichzeitig rein statistisch auch ein Rückgang verfügbarer Talente und Leistungsträger verbunden. Es gibt – zumindest zum jetzigen Zeitpunkt – keinen Hinweis darauf, dass die Zahl der Leistungsträger in Zukunft bei einer sinkenden Erwerbstätigenzahl steigt.

Auch die nachfolgenden Zahlen geben diesen Gedanken für Deutschland eine besondere Brisanz: Eine Studie der OECD (Organisation for Economic Co-Operation and Development) zum Bildungsniveau macht deutlich, dass Deutschland hinsichtlich seiner Studentenzahlen im internationalen Vergleich eher schlecht abschneidet. Nur 24 Prozent der Deutschen verfügen über einen Hochschulabschluss, der Durchschnitt aller OECD-Länder liegt immerhin bei 27 Prozent. Noch deutlicher unterscheiden sich die Zahlen aus dem Jahr 2008: In Deutschland nahmen nur 36 Prozent eines Jahrgangs ein Studium auf, 24 Prozent schlossen ein Studium erfolgreich ab. Die entsprechenden Werte für die gesamten OECD-Länder lagen bei 56 Prozent (Studienanfänger pro Jahrgang) und 39 Prozent (Studienabschlüsse pro Jahrgang).

Diese demografischen Veränderungen fordern ein aktives Handeln in Unternehmen. Umfragen machen deutlich, dass die Mehrzahl der Unternehmen in Deutschland (70 Prozent) den demografischen Wandel sehr wohl als eine der größten Herausforderungen der Zukunft sieht. Im Rahmen unserer Beratertätigkeit erkennen wir jedoch, dass nur ein vergleichsweise geringer Teil der Unternehmen bereits wirklich aktiv hinsichtlich der Vorbereitung auf den demografischen Wandel agiert. In unseren Seminaren zum Thema „Demografie und Personalentwicklung" wird dies durch die teilnehmenden Personalverantwortlichen immer wieder bestätigt. Unter den Personalverantwortlichen gibt es ein hohes Bewusstsein für die Problematik und deren Dringlichkeit. Jedoch existiert noch nicht in allen Unternehmen eine tatsächliche Bereitschaft im Management, in zukunftsorientierte und vorausschauende Maßnahmen zu investieren.

1.3 Attraktive Arbeitgeber haben weniger Nachwuchsprobleme

Wenn in Zukunft der Wettbewerb um Talente und Leistungsträger zunimmt, bekommt die Frage „Wie hoch ist die Attraktivität meines Unternehmens als Arbeitgeber?" ebenfalls eine neue Bedeutung.

Erkennbar ist, dass mit einer gezielten Personalentwicklung auf Basis einer systematischen Potenzialeinschätzung und mit transparenten, nachvollziehbaren Karrierewegen bzw. Förderprozessen die Attraktivität eines Unternehmens als Arbeitgeber steigt. Das wiederum unterstützt die Anwerbung externer Potenzialträger und Talente. Auch Studien belegen, dass das Thema Entwicklungs- und Karrieremöglichkeiten im Unternehmen einen wesentlichen Einfluss auf die Attraktivität eines Arbeitgebers hat. Dies ist z. B. nachzulesen in der gemeinsamen Studie der Deutschen Gesellschaft für Personalführung e.V. und der Bertelsmann Stiftung (2004), in der knapp 600 Studenten und Young Professionals hinsichtlich der Attraktivität zukünftiger Arbeitgeber befragt wurden. 72 Prozent der Befragten erwarten von einem idealen Arbeitgeber gute Karrierechancen im Unternehmen, 76 Prozent möchten Vorgesetzte, die sie in der Erreichung ihrer Ziele unterstützen. Noch klarer fällt das Bild in einer Umfrage von Absolventen ingenieurwissenschaftlicher Studiengänge, durchgeführt von der Binder GmbH in Kooperation mit dem Verband Deutscher Maschinen- und Anlagenbau e.V. (2008), aus: Entwicklungsperspektiven durch persönliche Weiterbildung (82 Prozent) und Aufstiegschancen (91 Prozent) wurden als unabdingbar bzw. sehr wichtig eingestuft. Die 2008 von Hewitt Associates veröffentlichte Studie zur Arbeitgeberattraktivität, bei der 120.000 Mitarbeiter und 3.000 Führungskräfte in fast 600 Unternehmen in zwölf europäischen Ländern befragt wurden, ermittelte u. a. die fünf wesentlichsten Erfolgsfaktoren für attraktive Arbeitgeber. Das Ergebnis: Aufeinander abgestimmte, gut umgesetzte HR-Programme sowie Talentmanagement und Entwicklungsmöglichkeiten belegen Platz drei bzw. vier.

Auch die Wettbewerbe um die Auszeichnung als „attraktiver Arbeitgeber" stellen die Bedeutung von Entwicklungsmöglichkeiten immer wieder in den Vordergrund. Sie zeigen, dass gute Weiterbildungs- und Entwicklungsmöglichkeiten ein wesentlicher Grund sind, warum Mitarbeiter gerne zu einem Unternehmen gehören bzw. dort bleiben.

1.4 Nutzen der Personalentwicklung für die Mitarbeiterbindung

Die Ausführungen im vorherigen Abschnitt machen deutlich, dass Investitionen in Methoden und Prozesse zur Förderung und Entwicklung von Mitarbeitern in doppelter Hinsicht wirksam sind. Sie tragen nicht nur zur Attraktivität auf dem externen Arbeitsmarkt bei, sondern auch zur Bindung von Potenzial- und Leistungsträgern. Bereits mittelfristig werden die geleisteten Investitionen viel Geld sparen, das sonst in die Suche von passenden Bewerbern auf dem zunehmend schwieriger werdenden externen Arbeitsmarkt fließen muss.

Darüber hinaus müssen die Kosten, die eine geringe Mitarbeiterbindung verursacht, angesetzt werden. Mitarbeiter mit einer geringen emotionalen Bindung fehlen im Schnitt 2 bis 4 Tage pro Jahr mehr als hoch motivierte Kollegen. Einem Unternehmen mit nur 1.000 Beschäftigten entstehen dadurch Mehrkosten von 485.000 Euro pro Jahr. Illoyale Mitarbeiter wechseln darüber hinaus häufiger das Unternehmen. D. h., Talente, die nicht ausreichend gebunden sind, zeigen eine hohe Bereitschaft, das Unternehmen für ein besseres Angebot – was immer dieses sein mag – schnell zu verlassen. Auch eine Studie des Instituts für Mittelstandsforschung der Universität Lüneburg mit dem hanseatischen Personalkontor HaPeko und dem Online-Jobportal StepStone belegt, dass sieben von zehn Arbeitnehmern mit qualitativ anspruchsvoller Beschäftigung überlegen, in den nächsten zwei Jahren ihre Stelle zu wechseln. Dies verursacht nicht nur Mehrkosten durch neuen Rekrutierungsaufwand, sondern bedeutet auch immer einen immensen Wissensverlust und damit verbundene Kosten und Einschränkung der Innovationsfähigkeit für das Unternehmen.

Wie kritisch die Bindung von Mitarbeitern gesehen werden muss, macht der Gallup-Engagement-Index deutlich. Er stellt die Verteilung von Mitarbeitern mit hoher bzw. niedriger Bindung an ein Unternehmen im Zeitvergleich von 2001 bis 2008 dar.

Abbildung 1.2: Gallup-Engagement-Index: Mitarbeiterloyalität; Quelle: Befragung von knapp 2.000 deutschen Arbeitnehmern im Zeitraum Ende Oktober bis Ende November 2008, Gallup Deutschland, Berlin 2009

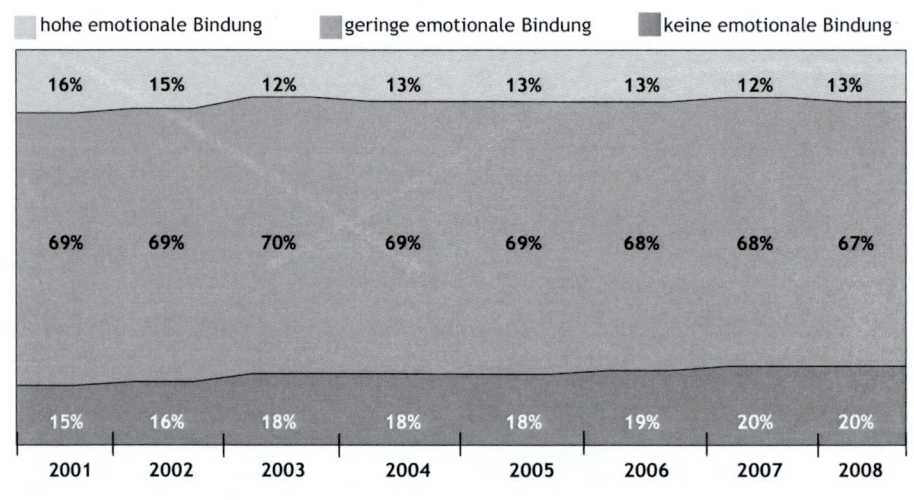

Gründe, die für die mangelnde Mitarbeiterbindung angegeben werden, sind bei knapp 80 Prozent der Befragten die fehlende individuelle Entwicklung und Förderung. Auch wenn weitere gewichtige Gründe wie „mangelndes Lob und Anerkennung für die eigene Arbeit" sowie „nicht ausreichendes Interesse des Vorgesetzten für den Mitarbeiter als Menschen" die Mitarbeiterbindung massiv beeinflussen, wird die Bedeutung der Personalentwicklung klar benannt und macht deutlich, dass mit Potenzialeinschätzungen und Personalentwicklungsmaßnahmen wesentliche Bausteine für unternehmerische Leistungsfähigkeit in der Zukunft gelegt werden können. Beeinflusst werden kann dadurch die Mitarbeiterzufriedenheit als ein Baustein der unternehmerischen Leistungsfähigkeit. Potenzialanalysen können dabei einen wesentlichen Beitrag für eine individuelle und zielorientierte Förderung leisten. Sie können aber auch als Voraussetzung gesehen werden, um die Führungskräfte zu identifizieren, die zukünftig zu einer aktiven Mitarbeiterbindung beitragen können.

1.5 Potenzialanalysen als gemeinsame Aufgabe von Human-Resources-Verantwortlichen und Führungskräften

Die Zusammenarbeit mit vielen Unternehmen und der Austausch mit HR-Verantwortlichen prägen unseren Eindruck, dass standardisierte Prozesse zur Potenzialeinschätzung und -analyse sowie die Anwendung von Kompetenzmodellen und Anforderungsprofilen sehr unterschiedlich genutzt werden.

Besetzungsentscheidungen und Beförderungen erfolgen häufig spontan, unsystematisch und allzu oft operativ getrieben. Häufig will es sich das Management vorbehalten, eigene Entscheidungen zu Nachbesetzungen ihnen wichtiger Positionen zu treffen, ohne dass HR hier eine Mitbestimmung aufgrund systematischer Potenzial- und Kompetenzeinschätzungen bekommt. Dabei geht es dann häufig mehr um die Fragen: „Wer kennt wen?" und „Wer kann mit wem gut?", was jedoch im Zweifel keine gesicherten Aussagen über Kompetenzen oder Potenziale zulässt. Dies kann funktionieren, kann aber auch zu teuren Fehlentscheidungen führen. Bei Fehlbesetzungen von Führungspositionen wird dies dann in den ersten ein bis zwei Jahren nach der Besetzung z. B. dadurch deutlich, dass Fluktuationsquoten bei Mitarbeitern steigen sowie die Zufriedenheit und Motivation und damit die Leistungsfähigkeit der Mitarbeiter sinken.

Um vergleichsweise kostenintensive Fehlentscheidungen zu vermeiden, ist HR gefordert, das Management für ihre Durchführung systematischer Kompetenz- und Potenzialeinschätzungen zu gewinnen und diese zu etablieren.

Bei der Umsetzung von Potenzialeinschätzungen sind Führungskräfte und Spezialisten des HR-Bereichs gleichermaßen zu beteiligen. Führungskräfte sind unserer Meinung nach in den Prozess zu integrieren, da sie tagtäglich mit den Mitarbeitern zusammenarbeiten und aus der Zusammenarbeit heraus die Leistung einschätzen können. Hierfür ist es sicher gut, in die Ausbildung der Führungskräfte zu investieren, damit sie in der Lage sind, Potenziale sicher zu erkennen und zu benennen. Dazu sollten Führungskräfte auch die Gelegenheit erhalten, sich mit der Frage: „Welche Anforderungen wird das Unternehmen in Zukunft erfüllen müssen und welche Kompetenzen benötigen wir dazu?" auseinanderzusetzen. Nicht zu unterschätzen ist, dass sich Führungskräfte, wenn sie Potenzialträger benennen sollen, berechtigterweise die Frage stellen: „Will ich meinen guten, leistungsstarken Mitarbeiter tatsächlich an andere Bereiche abgeben?". Denn die Abgabe eines Potenzialträgers an andere Stellen im Unternehmen bedeutet für die einzelne Führungskraft Mehrarbeit, die sich aus dem Verlust des sehr guten Mitarbeiters mit seinen Kompetenzen und Arbeitsleistungen sowie durch den zusätzlichen Aufwand für die Auswahl und die Ausbildung eines neuen Mitarbeiters ergibt. Diese Argumentation hören wir in Workshops, die wir mit Entscheidungsträgern von Unternehmen zum Thema „Unternehmensweites Talentmanagement und Potenzialidentifikation" durchführen, immer wieder. Zwar ist bei allen durchaus die Einsicht vorhanden, dass gute Leute im Unternehmen gefördert werden müssen und dass es auch sinnvoll ist, zu wissen, wo Potenzial- und Leistungsträger „stecken". Hierauf wird insbesondere dann gerne zurückgegriffen, wenn Eigenbedarf besteht, jedoch nicht, wenn eigene Mitarbeiter abgegeben werden sollen. Um hier ein Bewusstsein zu schaffen, das zu entsprechenden Handlungen führt, brauchen die Führungskräfte Raum für Austausch und Diskussion.

Die Aufgabe von HR besteht darin, im Rahmen eines zukunftsorientierten Talentmanagements einen reibungslosen Prozess der Potenzialdiagnostik im Unternehmen zu etablieren. Hierbei gilt es u. a. zu prüfen, welche Instrumente für das eigene Unternehmen geeignet sind, um die definierten Anforderungs- bzw. Kompetenzkriterien zu erfassen und so eine valide und transparente Auswahl von zukünftigen Leistungsträgern zu gewährleisten.

Mit einem etablierten und umfassend kommunizierten Prozess der Potenzialeinschätzung und einer darauf aufbauenden Mitarbeiterförderung schaffen Sie eine hohe Transparenz über die Frage: „Wer erhält bei uns im Unternehmen warum welche Schlüsselposition?" Damit können sich Mitarbeiter darauf einrichten und selbst entscheiden, inwieweit sie sich diesem Prozess stellen wollen. Gleichzeitig hat ein einheitlicher, standardisierter und transparenter Prozess den positiven Aspekt, dass Besetzungsentscheidungen eine breitere Akzeptanz finden; sie sind für jedermann nachvollziehbar.

Wesentlich bei allen Maßnahmen, die Sie ergreifen, ist, dass Sie das Management als Förderer und Promoter Ihrer Prozesse und Aktivitäten gewinnen. Die Etablierung einer Potenzialanalyse, die nicht vom Management mitgetragen und unterstützt wird, ist leider allzu oft zum Scheitern verurteilt. Tragen das Management und die oberen Führungskräfte Ihre über die Potenzialeinschätzung getroffenen Personalentscheidungen nicht mit, werden Sie früher oder später erleben, dass diese unterlaufen werden und Auswahlentscheidungen getroffen werden, bei denen die Kandidaten nicht an einer Potenzialanalyse teilgenommen haben. Als Verantwortlicher für die Potenzialanalyse verlieren Sie an Glaubwürdigkeit und Mitarbeiter fragen sich vielleicht, warum sie an der Potenzialanalyse teilnehmen sollen.

1.6 Potenzial – was ist das eigentlich?

In der Diskussion der Themen Talentmanagement und Potenzialeinschätzung werden vielfältige Begriffe benutzt. Es geht um Leistungsbeurteilung, Potenzialbetrachtung, Leistungsträger, Leistungskriterien, High Potentials, Potenzialanalysen, Performance Measurement etc. Da diese Begriffe recht unterschiedlich interpretiert werden können, finden wir es wichtig, für dieses Buch ein gemeinsames Verständnis für die Frage: „Was ist das Potenzial eines Menschen?" zu finden. Für uns bedeutet Potenzial, was ein Mitarbeiter über das hinaus, was er heute tut, noch leisten kann.

Grundsätzlich können wir aus dem Leistungsergebnis eines Mitarbeiters Rückschlüsse auf seine Leistungsfähigkeit und damit auf sein „Können" ziehen. Mit Können meinen wir Ausbildung, Erfahrung, Zusatz- und Spezialkenntnisse, vorhandenes Wissen und beobachtbare fachliche und methodische Kompetenzen etc. Gleichzeitig können wir den Leistungswillen eines Mitarbeiters beobachten. Er ist bestimmt durch die Motivation, die sich in der gezeigten Initiative und Einsatzbereitschaft ausdrückt. Sie beschreibt das „Wollen" eines Mitarbeiters. D. h., das aktuelle Leistungsverhalten und Leistungsergebnis eines Mitarbeiters ergibt sich aus Leistungswille (Wollen) und Leistungsfähigkeit (Können). Es drückt sich in überdurchschnittlichen Leistungen und Arbeitsergebnissen im aktuellen Aufgabengebiet aus. Um es zu erfassen, nutzen wir z. B. Beurteilungsverfahren.

Für ein erfolgreiches Talentmanagement sind wir darüber hinaus gefordert, mit Instrumenten der Potenzialanalyse das Potenzial eines Mitarbeiters zu erfassen. Ziel ist es, die richtigen Entscheidungen im Rahmen der Mitarbeiterförderung und für Positionsbesetzungen zu treffen.

Mit Potenzialeinschätzungen wollen wir eine Aussage darüber treffen, welche Leistungen dem Mitarbeiter in der Zukunft noch möglich sind und wohin er sich noch entwickeln kann. Während die Leistungsbeurteilung auf beobachtbaren Fakten beruht, ist die Potenzialeinschätzung eine Ableitung und Vorhersage für die Zukunft. Vor diesem Hintergrund kann sich die Potenzialeinschätzung nicht nur auf die in der aktuellen Position erbrachte Leistung beziehen, sondern es muss gefragt werden, was der Mitarbeiter noch zu leisten in der Lage ist. Hierfür müssen wir den Mitarbeiter zwangsläufig mit Anforderungen konfrontieren, die über das, was er heute leistet, hinausgehen. Gleichzeitig sollte immer versucht werden, wichtige Persönlichkeitsvariablen, wie z. B. die Motivation, mit zu erfassen, da diese die Grundlagen für die langfristige Leistungsfähigkeit auch in anderen, heute noch fremden Aufgaben bilden.

Geht es um die Betrachtung des Potenzials eines Mitarbeiters für weiterführende Fach- oder Führungsaufgaben, ist es wichtig, einen stärkenorientierten Ansatz zu wählen. Unserer Einschätzung nach hat der Ansatz „Stärken stärken" eine deutlich höhere Erfolgsaussicht für eine wirklich erfolgreiche Wahrnehmung anspruchsvollerer Aufgaben. Nur wenn wir einen Mitarbeiter in seinen bereits vorhandenen Stärken fördern, ist zu erwarten, dass er in diesen auch eine tatsächliche Höchstleistung erbringt. Setzen wir dagegen an den Schwächen an und versuchen, diese zu minimieren, werden die Mitarbeiter immer auch nur eine mittelmäßige und durchschnittliche Leistung erbringen. In diesem Sinne sollte bei der Identifikation von Leistungsträgern der Fokus auf der Identifikation von Stärken liegen. Schwächen abbauen sollte dann ein zusätzliches Ziel sein, wenn diese ein gravierendes Hindernis für den Erfolg in anderen Aufgabengebieten darstellen. Hier müssen wir uns vielleicht auch von dem Gedanken trennen, dass alle Mitarbeiter alles können müssen und darauf achten, dass wir tatsächliche Leistungsträger formen und nicht eine breite Masse von mittelmäßigen „Alleskönnern" ausbilden.

Talente erkennen und fördern bedeutet die individualisierte und ggf. auch kostenintensivere Förderung einzelner Leistungsträger, um den zukünftigen Bedarf an High Potentials im Unternehmen zu decken. Dabei sehen wir nicht nur Führungskräfte oder Manager als Leistungsträger, sondern genauso Experten und Spezialisten. Um jeden in seiner speziellen Kompetenz und seinen individuellen Potenzialen maximal fördern zu können, benötigen wir Potenzialanalysen. Sie geben uns die notwendigen Basisinformationen über die grundsätzliche Förderbarkeit, über Stärken, die es auszubauen lohnt und über Schwächen, die für einen Erfolg reduziert werden müssen.

1.7 Potenzialanalysen – was hat der Mitarbeiter davon?

Unternehmen investieren in Potenzialeinschätzungen, um die zukünftigen Leistungsträger im eigenen Haus zu identifizieren. Erwartet wird ein langfristiger Nutzen, der sich in der Leistungs- und Wettbewerbsfähigkeit des Unternehmens ausdrückt. Offen ist die Frage: Was hat der einzelne Mitarbeiter davon, sich der Herausforderung einer Potenzialanalyse zu stellen?

Unserer Einschätzung und auch Erfahrung nach bietet eine seriös durchgeführte Potenzialanalyse auch den Mitarbeitern einen deutlichen Mehrwert:

1. Mitarbeiter erhalten von einer unabhängigen Stelle ein sehr differenziertes Feedback zu ihrem aktuellen Entwicklungsstand und zu dem, was ihnen für die Zukunft an weiterer Entwicklung zugetraut wird. Ein solch umfassendes Feedback ist im Alltag eher selten. Selbst wenn im Unternehmen Beurteilungs- und Feedbackinstrumente etabliert sind, werden diese aus vielen Gründen doch oft nicht so gehandhabt, dass sie dem Mitarbeiter eine vergleichbare Leistungseinschätzung bieten.

2. Mit der Stärken- und Schwächen-Einschätzung gewinnt der Mitarbeiter Klarheit darüber, in welchen Feldern er sich noch weiterentwickeln kann oder muss, um seine beruflichen Ziele zu erreichen.

3. Der Mitarbeiter lernt die Erwartungen des Unternehmens an die Inhaber von bestimmten Positionen kennen. Erst damit wird es ihm möglich, für sich selbst einzuschätzen, ob er diese Position wirklich übernehmen will und sich selbst in der Lage fühlt, die damit verbundenen Anforderungen zu erfüllen.

4. Wird dem Mitarbeiter die Kompetenz oder das Potenzial für die Übernahme einer bestimmten Zielposition bescheinigt, erhält er in Verbindung mit der Potenzialeinschätzung gleichzeitig eine auf sein Profil abgestimmte Entwicklungsunterstützung. Diese trägt dazu bei, dass er seine beruflichen Ziele schneller und mit mehr Erfolg erreicht. Darüber hinaus ist die Investition in ihn auch eine deutliche Wertschätzung seiner Person.

5. Neben den genannten Aspekten bietet eine Potenzialanalyse für die Teilnehmer auch immer einen Anstoß für die Selbstreflexion. Wenn Teilnehmer nach einer Potenzialanalyse sagen: „Ich habe schon an vielen Trainings teilgenommen, aber dieses war das beste, ich habe viel über mich gelernt!", ist dieses Ziel umfassend erreicht.

2 Potenzialanalysen entwickeln und durchführen – Planung und Prozessorientierung als wesentliche Erfolgsfaktoren

Wenn Sie sich entschließen, in Ihrem Unternehmen Potenzialanalysen, z. B. im Rahmen des Talentmanagements oder der Nachwuchskräfte- oder Führungskräfteentwicklung und Nachfolgeplanung, einzuführen, gibt es einige wesentliche Fragen, die im Vorfeld geklärt bzw. beachtet werden sollten. Die Auseinandersetzung mit diesen Fragen und eine klare Prozessorientierung erachten wir als wesentliche Erfolgsfaktoren für die Etablierung von Potenzialeinschätzungen, die im Unternehmen einen hohen Stellenwert und eine hohe Akzeptanz genießen. Vor diesem Hintergrund wollen wir Ihnen in diesem Kapitel alle wesentlichen Punkte und Fragen aufzeigen, die Sie bei der Entwicklung einer Potenzialanalyse überdenken sollten. Alle einzelnen Aspekte sind am Ende des Kapitels für einen Schnellcheck noch einmal in einer Checkliste zusammengefasst. Die aufgegriffenen Fragen beziehen sich auf unterschiedliche übergreifende Perspektiven (intern, extern, strategisch etc.). Wir stellen die Frage hier an der Stelle, an der sie im Prozess erfolgen sollte.

2.1 Warum wollen wir Potenzialanalysen einführen, welches Ziel wollen wir damit erreichen?

Die Frage: „Was genau wollen wir erreichen?" ist wichtig, um z. B. zu vermeiden, ein zu umfangreich oder zu klein konzipiertes Verfahren einzusetzen. D. h., es werden ggf. mehr Ressourcen verbraucht, als dies bei klarer Zielsetzung notwendig gewesen wäre und die Ergebnisse bringen nicht den gewünschten Mehrwert. Leicht vorstellbar ist, dass die Akzeptanz bei den involvierten Mitarbeitern und Führungskräften dann auch niedrig ist. Zudem machen unklare Ziele es so gut wie unmöglich, ein aussagekräftiges Controlling des Verfahrens durchzuführen. Woran soll der Erfolg gemessen werden, wenn kein eindeutiges Ziel definiert wurde?

Diese Zielklärung sollte über die reine Zweckbeschreibung, z. B. „eine Bestandsaufnahme der Kompetenzen der Führungskräfte", hinausgehen. Sie umfasst alle weiteren Aspekte, die das Verfahren erfüllen soll.

Exemplarisch sind hier die Ziele eines Unternehmens für die Entwicklung eines geeigneten Auswahlverfahrens für Nachwuchsführungskräfte genannt:

1. geringe Anschaffungs- und Unterhaltungskosten (bis 40.000 Euro),
2. Spiegelung der Anforderungen an Nachwuchsführungskräfte im betrieblichen Umfeld,
3. hohe Akzeptanz des Verfahrens im Unternehmen,
4. Raum für individuelle Rückmeldungen an die Teilnehmer im Verfahren,
5. Aussagen zu individuellen Entwicklungsmöglichkeiten,
6. Integration in das Gesamtsystem Personalentwicklung,
7. nutzbare Schnittstellen zu anderen Verfahren der Personalauswahl,
8. geringer organisatorischer Aufwand in der Durchführung des Verfahrens,
9. modern, d. h. dem Zeitgeist entsprechend,
10. hohe Verständlichkeit und Nachvollziehbarkeit der Ergebnisse.

Das Beispiel macht deutlich, dass sich aus einer klaren Zielbeschreibung direkt die Kriterien, die das Verfahren erfüllen muss, ableiten lassen. Die abgeleiteten Kriterien können Sie z. B. im Rahmen einer Nutzwertanalyse einsetzen, um zu überprüfen, welches Verfahren Ihre Ziele am besten erfüllt. In einer Nutzwertanalyse werden verschiedene Verfahrensalternativen anhand definierter, qualitativer Kriterien miteinander verglichen. Dabei wird jede Verfahrensalternative anhand derselben Entscheidungskriterien bewertet. Nach dem Maximalprinzip wird diejenige Alternative ausgewählt, die den größten Nutzwert bietet. Nach der Gewichtung der Kriterien wird überprüft, wie gut ein Kriterium durch ein Verfahren erfüllt wird. So können alle in Frage kommenden Verfahren miteinander verglichen werden. Auch ein bereits etabliertes Verfahren können Sie so auf seine Passung zu den von Ihnen angestrebten Zielen überprüfen. Die nachfolgende Abbildung gibt ein Beispiel für das Ergebnis einer Nutzwertanalyse, die ein Unternehmen zur Entscheidungsfindung durchgeführt hat.

Abbildung 2.1: Ergebnis einer Nutzwertanalyse

Bewertung verschiedener Verfahren zur Potenzialbeurteilung

Ziel	Rang		Test-verfahren		Beurteil. FK		360° Feedback		Management-Audit		AC	
Kostenrahmen	Muss		Ja		Ja		Ja		Ja		Ja	
	Rang	Gew.	Erfüllung	Σ	Erfüllung	Σ	Erfüllung	Σ	Erfüllung	Σ	Erfüllung	Σ
Anforderungen spiegeln	I	16	4	64	8	128	9	144	9	144	10	160
Aussagen zu Entwicklung	I	16	2	32	7	112	8	128	8	128	8	128
Stärken-/Schwächen-Profil	I	16	3	48	2	32	8	128	8	128	8	128
Akzeptanz	II	12	7	84	5	60	5	60	4	48	6	72
Nachvollziehbar	III	10	5	50	10	100	10	100	7	70	8	80
Nutzen für FK	III	10	1	10	9	90	10	100	7	70	7	70
Inhaltlich Zeitgeist	IV	8	1	8	10	80	10	80	10	80	10	80
Integration PE	IV	8	5	40	0	0	0	0	0	0	3	24
Integration Trainee AC	V	4	5	20	0	0	0	0	5	20	6	24
		= 100		356		602		740		688		766
				V		IV		II		III		I

2.2 Wer will im Unternehmen, dass Potenzialeinschätzungen durchgeführt werden?

Ggf. haben Sie für Potenzialanalysen einen klaren Auftrag vom Management und verfügen dadurch über die nötigen Entscheidungsbefugnisse und finanziellen Ressourcen. In dieser Situation können Sie direkt mit der Klärung der inhaltlichen Fragen beginnen.

Ist Ihre Situation dadurch gekennzeichnet, dass Sie aufgrund der Unternehmens- und Arbeitsmarktsituation festgestellt haben, dass es für das Unternehmen wichtig ist, Potenzialeinschätzungen und z. B. Nachfolge- oder Karriereplanungen einzuführen, Sie hierfür aber noch keine Zustimmung aus dem Management haben, sieht Ihr Vorgehen anders aus. In dieser Situation geht es für Sie im ersten Schritt darum, ein Grobkonzept mit allen wesentlichen Überlegungen für das Management zu erstellen. Dieses Grobkonzept soll das Management von der Notwendigkeit der geplanten Implementierung von Potenzialeinschätzungen überzeugen. Wir empfehlen Ihnen, das Management anhand eines groben Konzepts von ca. zehn Charts von Ihren Überlegungen zu überzeugen, bevor Sie in weitere Feinanalysen einsteigen. Hierfür ist es wichtig, sich in die Situation des Managements zu versetzen und mit vielen unternehmensrelevanten Nutzenaspekten zu argumentieren. Fragen Sie sich, was die Aspekte sind, die das Management davon überzeugen können, in Potenzialeinschätzungen zu investieren. Überlegen Sie sich im Vorfeld, welche Themen für Ihr Management wesentlich sind und welche Argumente Sie vor diesem Hintergrund für Ihre Überzeugungsarbeit benötigen. Die Kostenseite ist hierbei sicherlich immer ein wichtiger, zu beachtender Aspekt. Das Management wird Ihnen an einem bestimmten Punkt immer die Frage stellen, welche Investitionen für Potenzialanalysen notwendig sind. Integrieren Sie diesen Faktor im Vorfeld in Ihre Argumentation. Denn je nachdem, welche Vorgehensweise Sie planen und ob Sie dafür externe Unterstützung benötigen oder über alle notwendigen Kompetenzen und Ressourcen selbst verfügen, erfordern die Entwicklung, Implementierung und Durchführung mehr oder weniger hohe Investitionen. Geben Sie in Ihrem Konzept eine Empfehlung, welches Verfahren Sie als das für das Unternehmen am besten geeignete ansehen.

Erst, wenn Sie die Zustimmung des Managements und einen klaren Auftrag haben, sollten Sie eine Feinanalyse und ein Feinkonzept erstellen. Um alle Aspekte, die für die Konzeption und Durchführung von Potenzialeinschätzungen notwendig sind, in die Überlegungen aufzunehmen, empfiehlt sich unserer Erfahrung nach ein Workshop, in dem – ggf. mit externer Unterstützung – mit einem definierten Entscheiderkreis alle wichtigen Fragen diskutiert und entschieden werden. Die erste Frage ist hier:

2.3 Was kennzeichnet unsere Ausgangssituation?

Am Anfang Ihrer Überlegungen steht die Klärung der Ausgangssituation. Hier sind verschiedenste Aspekte zu berücksichtigen, die Ihnen z. B. Klarheit darüber geben, welche Art von Verfahren Sie benötigen, für wie viele Teilnehmer, für welche Teilnehmerzielgruppe usw. Die Klärung der Ausgangsituation beginnt mit der Analyse der Unternehmensziele und der Strategie, geht über eine Altersstrukturanalyse zur Klärung Ihrer aktuellen Personalentwicklungsaktivitäten bis hin zur Analyse der Platzierung Ihres Unternehmens auf dem Arbeitsmarkt und dem regionalen Arbeitskräfteangebot. Genauso gilt es hier, Fragen der zukünftigen Unternehmensentwicklung z. B. hinsichtlich Internationalität, Produktspektrum, Wettbewerbsumfeld etc. zu klären. Nachfolgende Abbildung gibt einen Überblick über die Aspekte, die u. a. bei der Klärung der Ausgangssituation zu berücksichtigen sind.

Abbildung 2.2: Die Ausgangssituation für Potenzialanalysen umfassend klären

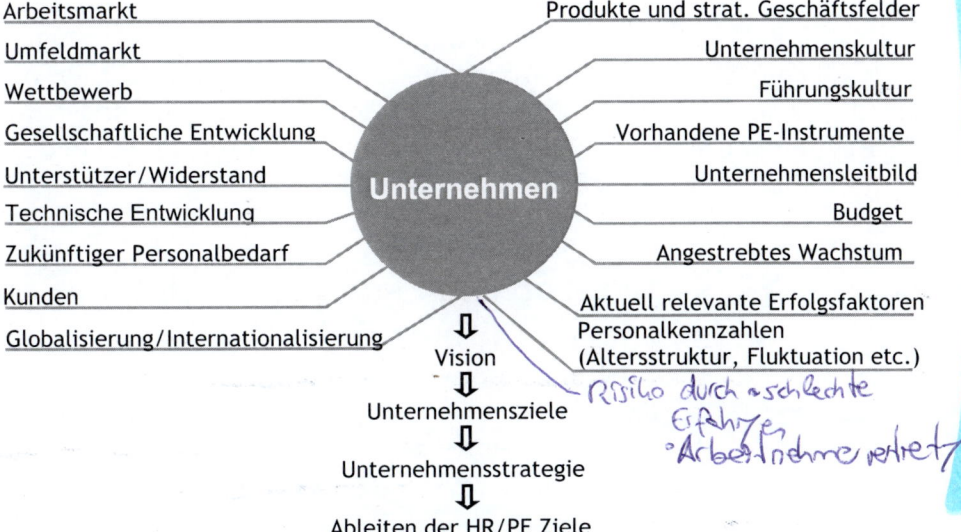

Zur Klärung der Ausgangssituation gehört auch die Frage:

2.4 Welche Erfahrungen mit Potenzialanalyseverfahren bestehen im Unternehmen?

Wenn es sehr gute Erfahrungen gibt: Worauf basieren diese? Oder gibt es ggf. auch schlechte Erfahrungen, die zu Widerstand und Ablehnung führen können? Dann ist es besonders wichtig, zu überlegen, was Sie bei der aktuellen Potenzialanalyse beachten müssen, um die für Sie notwendige Akzeptanz zu gewinnen.

2.5 Welches Verfahren ist für uns am besten geeignet?

Ihre Unternehmenssituation, Ihr Bedarf an Nachwuchskräften, aber z. B. auch die Erfahrungen, die Mitarbeiter und Führungskräfte mit Feedbackverfahren insgesamt haben, entscheiden darüber, welches Verfahren zu Ihrem Unternehmen passt. Ihre finanziellen Möglichkeiten spielen ebenfalls eine wichtige Rolle. Einbeziehen sollten Sie auch die Frage, in welchem zeitlichen Umfang (Dauer und Häufigkeit der Potenzialanalyse) Sie Führungskräfte im Unternehmen für die Mitarbeit gewinnen können. Wenn Sie z. B. planen, ein dreitägiges Verfahren durchzuführen, aber letztendlich im Vorfeld schon ahnen, dass Sie Ihre Führungskräfte höchstens für eine eintägige Durchführung gewinnen können, machen alle Überlegungen für ein längeres Verfahren wenig Sinn, weil Sie evtl. nicht die notwendige Unterstützung bekommen.

2.6 Wo im Unternehmen können wir Unterstützer und Promotoren finden?

Welche Führungskräfte haben bereits signalisiert, dass sie die Einführung von Potenzialanalysen sehr begrüßen würden? Inwieweit können Sie diese Personen gewinnen, damit sie Sie bei der Konzeption und Durchführung, aber auch in der Überzeugungsarbeit gegenüber Betriebsrat, Management und Mitarbeitern unterstützen? In gleicher Weise lohnt es sich darüber nachzudenken, welche Personen ggf. gegen das geplante Verfahren in den Widerstand gehen könnten und warum. Gibt es Möglichkeiten, diese Personen über ein frühes Einbeziehen in ihrem Widerstand aufzubrechen und doch noch dafür zu gewinnen? Grundsätzlich gilt für neu einzuführende Personalentwicklungsinstrumente: Investieren Sie Ihre Kraft in diejenigen, die die Instrumente befürworten und haben wollen, anstatt mit Gegnern zu kämpfen. Erzeugen Sie Bedarf bei den „Gegnern" durch gute Ergebnisse. Das ist deutlich wirkungsvoller.

2.7 An welcher Stelle und wie wollen wir die Arbeitnehmervertretung involvieren?

Aus unserer Sicht gibt es hier nur eine Antwort: Immer so früh wie möglich. Spätestens nach der klaren Auftragserteilung durch das Management sollten Sie alle weiteren konzeptionellen Überlegungen gemeinsam mit der Arbeitnehmervertretung treffen. Bei Besetzungs-, Beurteilungs- und Personalauswahlfragen – und diese sind in der Regel mit Potenzialeinschätzungen verbunden – hat die Arbeitnehmervertretung zudem ein klares gesetzliches Mitspracherecht. Vor diesem Hintergrund müssen Sie sie bei allen tariflich angestellten Mitarbeitern einbeziehen – also können Sie dies auch so früh wie möglich tun. Der Arbeitnehmervertretung obliegen folgende Informations- und Mitbestimmungsrechte:

Die Arbeitnehmervertretung hat durch das Betriebsverfassungsgesetz (BetrVG) ein Recht auf rechtzeitige und umfassende Information über die geplanten Ziele des Verfahrens, dessen Gestaltung und die Verwendung der Beurteilungsdaten. Die gesetzlich festgelegte Mitbestimmung der Arbeitnehmervertretung ist nach dem BetrVG erforderlich bei Personalfragebögen sowie der Aufstellung allgemeiner Beurteilungsgrundsätze.

Auch hinsichtlich des Einsatzes von eignungsdiagnostischen Verfahren hat die Arbeitnehmervertretung Mitbestimmungsrechte, die durch das BetrVG geregelt sind. Erfolgt der Einsatz eines Verfahrens zur Besetzung einer freien Stelle, ist in den §90 bis §93 BetrVG geregelt, dass der Betriebsrat über die Personalplanungen informiert werden muss und bei der Besetzung von Stellen eine interne Ausschreibung verlangen kann.

Dient ein Personalbeurteilungssystem oder Potenzialanalyseverfahren u. a. auch dem Zweck der Personalplanung, so bedürfen laut BetrVG folgende Aspekte der ausdrücklichen Zustimmung der Arbeitnehmervertretung:

- Ziele des Systems,
- Konzeption, Verfahren und Methodik,
- Beurteilungskriterien,
- organisatorische Fragen des Verfahrens (z. B. zeitliche Abstände der Beurteilungen),
- Durchführung und Gestaltung,
- Auswertung,
- Aufbewahrung der Daten,
- Rechte der betroffenen Mitarbeiter und Konfliktlösungsmechanismen und
- Gestaltung von Leistungszulagen auf Grundlage der Beurteilung.

Die Nutzung von Personalfragebögen sowie die Aufstellung von personellen Auswahlrichtlinien für die Einstellung oder Potenzialanalyse bedürfen laut §94 bzw. §95 Abs. 1 BetrVG der Zustimmung des Betriebsrats. Auch Anforderungsprofile gelten als Richtlinie, wenn sie für mehr als eine Auswahlentscheidung gelten. Dies ist laut Breisig & Schulze (1998) auch der Fall, wenn nur mit bestimmten Personen Assessment-Center durchgeführt werden.

Auch hat der Betriebsrat gemäß §98 Abs. 1 BetrVG ein Mitbestimmungsrecht für die Personalentwicklung, insbesondere bei der Durchführung von Maßnahmen der betrieblichen Berufsbildung.

Die genannten Regelungen gelten nach §5 BetrVG nicht für leitende Angestellte. Leitender Angestellter ist, wer vertraglich und tatsächlich selbstständig einstellen und entlassen darf, Prokura oder Generalvormacht besitzt etc. (nähere Informationen liefert das BetrVG, §5 Abs. 3 f).

2.8 Inwieweit verfügt der Personal- oder Personalentwicklungsbereich über die notwendigen Ressourcen zur Entwicklung und Durchführung der geplanten Potenzialeinschätzungen?

Wichtige Fragen sind hier:

- Verfügen wir über ausreichende fachliche Kompetenzen, um Potenzialeinschätzungen eigenständig zu konzipieren und durchzuführen?
- Verfügen wir über Erfahrungen mit der Konzeption und Durchführung von Potenzialeinschätzungen?
- Verfügen wir hinsichtlich der Anzahl der Mitarbeiter über die notwendigen Ressourcen, um die Potenzialeinschätzungen im geplanten zeitlichen Rahmen zu entwickeln und durchzuführen?

Seien Sie bei diesen Fragen kritisch und realistisch. Immer wieder erleben wir im Alltag, dass sich der Personalbereich oder die Personalentwicklung viel Gutes vornimmt, diese Planungen auch kommuniziert und damit eine Erwartungshaltung generiert und ein gewisses Versprechen abgibt. Oft wird zu spät festgestellt, dass die nötigen Ressourcen nicht vorhanden sind bzw. falsch eingeschätzt werden. Projekte geraten ins Stocken, werden unterbrochen – z. T. vielleicht sogar abgebrochen, weil die Ressourcen nicht reichen.

Für die Konzeption Ihres Verfahrens gilt es, des Weiteren folgende, eher inhaltliche Fragen zu klären:

2.9 Wie werden wir den Kommunikationsprozess zur Einführung der Potenzialanalyse gestalten?

Eine hohe Aufmerksamkeit sollten Sie der von Ihnen angestoßenen Kommunikation und Information über die geplante Potenzialeinschätzung beimessen. Wichtig ist, dass alle Mitarbeiter und Führungskräfte frühzeitig darüber informiert werden, was geplant ist, wie dieses Verfahren aussieht, welche Zielsetzung damit verfolgt wird, und vor allem, welchen Nutzen es dem Unternehmen und den Teilnehmern bietet.

In diesem Zusammenhang ist es von hoher Bedeutung, zu kommunizieren, was mit den Ergebnissen passiert. Wir empfehlen Ihnen, frühzeitig, umfassend und sehr offen zu informieren. Nutzen Sie möglichst viele verschiedene Informationskanäle. Nicht jeder Mitarbeiter reagiert auf jeden Informationskanal mit gleicher Aufmerksamkeit. Außerdem erleben wir es immer wieder, dass Informationen zwar geflossen sind, die Teilnehmer oder Mitarbeiter sie aber nicht wirklich zur Kenntnis genommen haben, weil es sich um ein internes Rundschreiben, eine allgemeine Mail o.Ä. handelte. Von daher ist es gut, verschiedene Kanäle zu nutzen und Informationen auch zu wiederholen. Hier bieten sich Rundschreiben, Mitarbeiterzeitung, E-Mails, Intranet, Aushänge, Informationsveranstaltungen usw. an.

Wesentliche Aspekte bei der Information der Mitarbeiter sind unserer Erfahrung nach Offenheit und Ehrlichkeit. Vergegenwärtigen Sie sich, dass ein Unternehmen selbstverständlich das Recht hat, Mitarbeiter hinsichtlich ihres Leistungsvermögens, ihrer Kompetenzen und Potenziale einzuschätzen, um gute Besetzungsentscheidungen zu treffen. Dieses Vorgehen ist im Interesse des Unternehmens und letztendlich auch im Interesse der Mitarbeiter. Kein Mitarbeiter wird auf Dauer wirklich froh, wenn er in eine nicht zu ihm passende Position befördert wird.

> Nachhaltig negativ für die Akzeptanz des Verfahrens im Unternehmen sind Kommunikationsfehler wie im nachfolgenden Beispiel: Im Rahmen einer Reorganisation sollten Führungskräfte hinsichtlich ihrer vorhandenen Führungskompetenzen beurteilt werden, um notwendige Personalentwicklungsmaßnahmen anbieten zu können. Offizielle Sprachrege-

> lung war, dass die Teilnahme und die Ergebnisse in der Potenzial- und Kompetenzeinschätzung nicht zu Positionsveränderungen für die Führungskräfte führen würden. Abgeleitet werden sollten Personalentwicklungsmaßnahmen, die die Führungskräfte dabei unterstützen würden, ihre Aufgaben in optimaler Art und Weise wahrzunehmen. Die Ergebnisse der Potenzialeinschätzung brachten dann aber derartig deutliche Führungsdefizite zu Tage, dass nach der Potenzialeinschätzung doch Besetzungsentscheidungen getroffen und einzelne Führungskräfte aus der Verantwortung genommen wurden. Dies hatte für die Akzeptanz von Potenzialeinschätzungen/Assessment-Centern im Unternehmen deutlich negative Folgen.

Sicher ist es unternehmerisch richtig, Führungskräfte, die die Anforderungen einer Position nicht erfüllen können, nicht in ihrer Position zu belassen. Da derartige Ergebnisse aber nicht vorhersehbar sind, ist es besser, von Anfang an zu kommunizieren, dass auch Besetzungsentscheidungen Ergebnis einer Potenzialeinschätzung sein können. Nur wenn Sie offen und ehrlich kommunizieren, vermeiden Sie im Nachhinein böse Überraschungen.

Darüber hinaus ist es wichtig, ein gutes Erwartungsmanagement zu betreiben. Nur so ist es den Beteiligten möglich, sich ein realistisches Bild davon zu machen, was sich wann auf Grundlage der Potenzialanalyse für sie ändern wird. Unrealistische Vorstellungen führen schnell zu Enttäuschung und Frustration. Machen Sie deswegen deutlich, welche Erwartungen realistisch sind, z. B. die Übernahme einer anderen Position innerhalb der nächsten zwei Jahre. Zeigen Sie aber auch Grenzen auf, z. B. dass nicht jeder, der an der Potenzialanalyse teilnimmt, danach befördert wird.

2.10 Welche Zielgruppen sollten in die Potenzialeinschätzung einbezogen werden?

Planen Sie eine Potenzialanalyse für Nachwuchskräfte ohne Führungserfahrung? Wollen Sie Fach- und Führungskräfte auswählen? Wollen Sie Mitarbeiter, die bereits in Führungspositionen sind, für weitere Führungsaufgaben auswählen? Die Antworten auf diese Fragen sind entscheidend für die Auswahl des geeigneten Verfahrens und der Vorgehensweise. Vielleicht wollen Sie ein Grundverfahren entwickeln, das über leichte Variation für unterschiedliche Zielgruppen nutzbar ist. Klären Sie diese Fragen rechtzeitig. Steht fest, für welche Zielgruppe das Verfahren genutzt werden soll, sollte festgelegt werden, wie die Auswahl der Kandidaten für die Teilnahme erfolgt.

2.11 Wie erfolgt die Auswahl der Kandidaten für die Teilnahme?

In vielen Unternehmen werden die Teilnehmer durch ihre Führungskräfte zur Teilnahme gemeldet. Um einer Nichtbeachtung bestimmter Mitarbeiter durch die Führungskräfte vorzubeugen, ermöglichen einige Unternehmen die Selbstanmeldung von Teilnehmern. Hinsichtlich der Auswahl von Teilnehmern sollten Sie durchaus überlegen, welche Beurteilungsdaten, z. B. aus Mitarbeiterbeurteilungen, Mitarbeitergesprächen oder Zielvereinbarungen, Ihnen bereits vorliegen, die die Auswahl der Teilnehmer unterstützen können. Einige Unternehmen etablieren Vorauswahlprozesse, die die Gefahr, dass Teilnehmer an der Potenzialeinschätzung teilnehmen, ohne bereits die notwendige Reife zu haben, reduzieren. Häufig erleben wir es, dass Führungskräfte Mitarbeiter zur Teilnahme melden, die zwar im Alltag einen guten Job machen, aber z. B. nicht oder noch nicht über die notwendige Reife oder Persönlichkeit für die Übernahme einer Führungsaufgabe verfügen. Ein Scheitern ist für diese Mitarbeiter dann immer mit einer Kränkung verbunden. Dieser Gefahr können Sie mit der Gestaltung eines Vorauswahlprozesses vorbeugen. Möglich ist beispielsweise folgende Vorgehensweise:

1. Anhand der aktuellen Leistung empfiehlt eine Führungskraft einen Mitarbeiter zur Potenzialeinschätzung an ihren Vorgesetzten.

2. Die Nennung durch die Führungskraft wird vom Vorgesetzten überprüft.

3. Die jetzt gemeinsam getragene Benennung eines Mitarbeiters wird durch das Management überprüft. Die Bestätigung eines Kandidaten durch das Management kann z. B. auch im Rahmen eines Managementboards oder einer Entwicklungskonferenz erfolgen. Hier treffen sich wichtige Entscheidungsträger des Unternehmens und lassen sich die einzelnen genannten Kandidaten von deren Führungskräften vor-

stellen. Die Führungskraft ist in diesem Board gefordert, zu vertreten, warum sie bei dem vorgeschlagenen Mitarbeiter Potenzial für eine weiterführende Position sieht. Dieser Schritt hat den Vorteil, dass leichtfertige oder allein durch Sympathie getragene Vorschläge zur Teilnahme an einer Potenzialeinschätzung reduziert werden. Wenn die Führungskräfte wissen, dass sie ihre vorgeschlagenen Mitarbeiter argumentativ vor dem Management vertreten und ihre Entscheidung begründen müssen, überlegen sie sich differenzierter, welcher ihrer Mitarbeiter wirklich Potenzial für weiterführende Aufgaben hat.

4. Nachdem eine vom Management getragene Empfehlung vorliegt, kann eine weitere Vorauswahl durch die Personalentwicklung erfolgen. Es können z. B. bestimmte Testverfahren oder Persönlichkeitsfragebögen vorgeschaltet werden oder noch einmal ein Interview mit dem Teilnehmer geführt werden, um dessen Motivation für weiterführende Aufgaben zu hinterfragen.

5. Einige Unternehmen bitten die ausgewählten oder vorgeschlagenen Kandidaten, ein „Motivationsschreiben" zu erstellen, in dem sie darlegen, warum sie sich weiterentwickeln wollen, was ihre beruflichen Ziele sind und warum sie der Meinung sind, für weiterführende Aufgaben geeignet zu sein.

6. Hat der Teilnehmer auch diese Stufe erfolgreich bewältigt, wird er für die Teilnahme an einer Potenzialeinschätzung vorgesehen.

2.12 Welche Kompetenzen wollen wir im Rahmen der Potenzialanalyse erfassen und bewerten?

Der nächste Schritt vor der Konzeption des konkreten Verfahrens ist die Klärung der Anforderungsdimensionen, auf denen Sie die Potenziale der Teilnehmer einschätzen wollen. Ganz gleich, welches Verfahren Sie verwenden, Sie brauchen ein Anforderungsprofil, welches Ihnen erlaubt, eine Aussage dahingehend zu treffen, über welche Potenziale und Kompetenzen ein Kandidat bereits verfügt und welche er weiterentwickeln muss. Nur so können Sie klare Entscheidungen treffen, die auch im Unternehmen eindeutig kommunizierbar sind. Das Vorliegen eines Anforderungsprofils und die sich daraus ergebende Einschätzung eines Kandidaten schaffen die notwendige hohe Transparenz zur Kommunikation von Besetzungsentscheidungen im Unternehmen. Mit der Potenzialanalyse soll verhindert werden, dass Positionsbesetzungen nach Sympathie, aus dem Bauch heraus oder „weil kein Besserer da war" erfolgen.

Anforderungsprofile ermöglichen Mitarbeitern, die Interesse an einer persönlichen Weiterentwicklung haben, nicht nur, für sich selbst zu überprüfen, ob sie die mit einer Position verbundenen Anforderungen erfüllen können und wollen, sondern sie machen auch für Teilnehmer einer Potenzialeinschätzung nachvollziehbarer, warum Besetzungsentscheidungen für oder gegen sie ausgefallen sind.

Im Zusammenhang mit dem Anforderungsprofil sollten Sie eine wichtige Frage zuerst klären: Gibt es im Unternehmen bereits bestehende Anforderungsprofile oder auch Kompetenzmodelle, die die Basis für Ihre Potenzialeinschätzung bilden können? Kompetenzmodelle haben den Vorteil, dass alle Kandidaten an den gleichen Kriterien gemessen werden. Häufig können vorhandene Kompetenzmodelle im Rahmen der Anforderungsanalyse so umgesetzt werden, dass sie sich für die Bewertung in der Potenzialanalyse eignen. Auf der Basis von Kompetenzmodellen können auch Anforderungsprofile für verschiedene Positionen entwickelt werden. Für die unterschiedlichen Zielpositionen muss dann definiert werden, wie stark eine Kompetenz bzw. ein Potenzial ausgeprägt sein muss, um den Anforderungen zu entsprechen. Für eine Nachwuchskraft werden Sie einen anderen Maßstab anlegen müssen als für einen Bereichsleiter. Eine weitere Möglichkeit besteht in der Nutzung von Führungsgrundsätzen oder -leitbildern, die dahingehend überprüft werden können, welche Aussagen hinsichtlich des notwendigen Kompetenzspektrums für bestimmte Zielgruppen ableitbar sind.

Wie Sie bei einer Anforderungsanalyse vorgehen können, stellen wir in Kapitel 3 ausführlich vor. Dabei empfehlen wir Ihnen die Durchführung eines Workshops mit den wichtigen Entscheidungsträgern Ihres Unternehmens. Tragen Sie Sorge dafür, dass die relevanten Entscheider die Kriterien, an denen Ihre Potenzialträger – ganz gleich für welche Position – gemessen werden sollen, mit definiert haben. Dadurch gewährleisten Sie die Akzeptanz Ihrer Auswahlentscheidungen im Management und damit im ganzen Unternehmen.

2.13 Welches Verfahren ist das für unsere Zielsetzung am besten geeignete?

Mit dem Anforderungsprofil haben Sie jetzt alle notwendigen Informationen, um entscheiden zu können, welches Verfahren der Potenzialanalyse für Ihre Zielsetzung und für die zu bewertenden Anforderungskriterien das am besten geeignete ist. Ist es ein Assessment-Center, ist es eher ein Management Audit oder vielleicht ein multimodales Verfahren? Das von Ihnen ausgewählte Verfahren muss geeignet sein, die zu bewertenden Kriterien hinsichtlich Kompetenz und Potenzial sichtbar zu machen.

In gleicher Weise erfolgt anhand des Anforderungsprofils die Auswahl der einzelnen Bausteine, die Sie in Ihre Potenzialeinschätzung integrieren wollen. Haben Sie sich für die Durchführung eines Assessment-Centers entschieden, geht es darum zu klären, welche Bausteine/Aufgaben Sie benötigen, um die in Frage stehenden Kriterien beobachtbar zu machen. Gleiches gilt z. B. für ein Management Audit: Reicht hier ein Tiefeninterview oder sollen situative Elemente ergänzt werden? Das Anforderungsprofil wird auch die Entscheidung beeinflussen, wie umfangreich Ihre Potenzialanalyse gestaltet werden sollte. Umfasst das Anforderungsprofil sehr viele unterschiedliche Kriterien, werden Sie mehr Bausteine benötigen, um die einzelnen Kriterien in ausreichendem Umfang auf qualitativ hohem Niveau beurteilen zu können. Umfasst Ihr Profil z. B. das Kriterium „Lernfähigkeit", werden Sie hierfür mehr Zeit im Rahmen Ihrer Potenzialanalyse einplanen müssen, um überhaupt Situationen, in denen Teilnehmern ein Lernen möglich ist, zu schaffen (vgl. hierzu Kapitel 4.2).

Nachdem Sie entschieden haben, welches Verfahren Sie mit welchen Bausteinen nutzen wollen, geht es im nächsten Schritt um die tatsächliche Erstellung aller notwendigen Materialien. Hierzu gehören ggf. ein Interviewleitfaden sowie Simulationen bzw. einzelne Aufgabenstellungen. Darüber hinaus müssen alle Unterlagen in einer Teilnehmerversion und in einer Beobachterversion mit den jeweils benötigten Anleitungen und Hilfestellungen erstellt werden. Die Beobachtungsbögen, Teilnehmer- und Beobachterzeitpläne, Teilnehmer- und Beobachterinformationsunterlagen, Unterlagen für das Beobachtertraining sowie alle Unterlagen für die Ergebnisdarstellung und -kommunikation, wie z. B. Ergebnisprofile und Vorlagen für Ergebnisberichte, müssen ebenfalls vorbereitet werden (vgl. **Abbildung 2.3**).

Abbildung 2.3: Checkliste notwendiger Materialien für das Verfahren

		Sind alle notwendigen Materialien für die Potenzialanalyse vorhanden? ✓
1	Interviewleitfaden	
2	Simulationen bzw. Aufgabenstellungen für alle Übungen	
3	Unterlagen in einer Teilnehmerversion mit allen Anleitungen & Hilfestellungen	
4	Unterlagen in einer Beobachterversion mit allen Anleitungen & Hilfestellungen	
5	Beobachtungsbögen	
6	Teilnehmerzeitpläne	
7	Beobachterzeitpläne	
8	Teilnehmerinformationsunterlagen	
9	Beobachterinformationsunterlagen	
10	Unterlagen für das Beobachtertraining	
11	Unterlagen für die Ergebnisdarstellung & -kommunikation	

2.14 Wer nimmt an den Potenzialeinschätzungen als Beobachter teil?

Für ein Assessment-Center oder auch Management Audit brauchen Sie Beobachter. Sollen interne Führungskräfte als Beobachter mitwirken, sollten diese mindestens zwei Hierarchiestufen über den Teilnehmern stehen. Damit vermeiden Sie, dass eine Führungskraft einen ihr direkt unterstellten Mitarbeiter in der Potenzialanalyse beurteilt. Auch Fehler, die sich durch Sympathie, aber ebenso durch Gedanken wie: „Mein Mitarbeiter kann ja nicht schlecht sein!", ergeben könnten, werden so vermieden. Darüber hinaus ist es gut, bei der Auswahl der Beobachter darauf zu achten, dass diese durch ihre hierarchische Position eine ausreichende Akzeptanz haben, um die Bewertungsergebnisse im Unternehmen zu vertreten.

Neben Führungskräften können die Beobachterfunktionen durch Mitarbeiter des HR-Bereichs oder durch externe Berater besetzt werden. Welche hier die richtige Entscheidung ist, wird auch positions- oder zielabhängig sein. Für eine optimale Prozess- und Qualitätssicherung hat es sich bewährt, Beobachterteams (es arbeiten immer mindestens zwei Beobachter zusammen, um subjektive Beurteilungsfehler zu vermeiden) zu bilden. Dies trägt nicht nur dem Gedanken des Mehr-Augen-Prinzips Rechnung, sondern vor allem der Qualitätssicherung. Dies insbesondere dann, wenn Sie die Beobachterteams so zusammenstellen, dass ein oder zwei Führungskräfte des Unternehmens gemeinsam mit einem Vertreter aus dem Personalbereich oder der Personalentwicklung oder einem externen Berater zusammenarbeiten. Vertreter des Personal-/Personalentwicklungsbereichs und externe Beobachter fungieren in diesem Rahmen als Moderatoren für die Führungskräfte und insbesondere auch zur Prozess- und Qualitätssicherung.

2.15 Wie bereiten wir die Beobachter/Bewerter vor?

Immer, wenn Sie interne Führungskräfte als Beobachter einsetzen, ist es dringend geraten, diese in einer Beobachterschulung mit ihren Aufgaben vertraut zu machen. Häufig können wir die Tendenz beobachten, hierfür nur wenig Zeit zu investieren. Wir empfehlen – je nach Verfahrensumfang – die Durchführung von einer mindestens eintägigen Beobachterschulung, in der die zukünftigen Beobachter nicht nur mit den Materialien und dem Gesamtverfahren vertraut gemacht werden, sondern sich intensiv mit den Anforderungen des Beobachtungs- und Bewertungsprozesses auseinandersetzen sowie mit ihrer eigenen Rolle und Verantwortung im Rahmen dieses Prozesses.

Ein weiterer wesentlicher Aspekt des Beobachtertrainings ist das Erarbeiten eines gemeinsamen Verständnisses für die Bewertungskriterien und die Skalierung. Dabei ist es wichtig, dass den Beobachtern ein gleiches Verständnis von der Bedeutung der verschiedenen Skalenstufen vermittelt wird. Die Kriterien von Anforderungsprofilen sind in der Regel so beschrieben, dass die Begriffe unterschiedliche Interpretationen erlauben. Nehmen wir an, in Ihrem Anforderungsprofil ist eine der Kompetenzen „Kommunikationsfähigkeit". Unter diesem Begriff werden wahrscheinlich fünf verschiedene Führungskräfte auch fünf verschiedene Aspekte oder Verhaltensweisen verstehen. Selbst wenn Sie Ihr Anforderungsprofil mit Verhaltensankern, die die Kompetenz konkreter beschreiben, unterlegt haben, ist es wichtig, im Rahmen der Beobachterschulung zu klären: „Was heißt für uns kommunikative Kompetenz? Was genau wollen wir sehen? Was ist eine gute und was eine nicht ausreichende kommunikative Kompetenz?" usw.

2.16 Wie gestalten wir das Feedback an die Teilnehmer?

Hinsichtlich der Akzeptanz der Ergebnisse ist es von großer Bedeutung, wie diese den Teilnehmern zurückgemeldet werden. Aus unserer Sicht ist es elementar wichtig, dass die Teilnehmer nach der Potenzialeinschätzung ein ausführliches Feedbackgespräch erhalten. Z. T. ist es aus zeitlichen Gründen nicht anders lösbar, als dass die Teilnehmer direkt im Anschluss an die Potenzialeinschätzung nur ein Kurzfeedback erhalten und in den Folgetagen noch einmal ein ausführliches Feedbackgespräch. Dieses Kurzfeedback sollte unserer Einschätzung nach auf jeden Fall erfolgen. Ein Teilnehmer, der an einer Potenzialanalyse teilgenommen hat, hat eine hohe Einsatzbereitschaft gezeigt, er hat viel von sich preisgegeben und sich einer herausfordernden Situation gestellt. Dies begründet sein Recht auf eine qualitativ hochwertige Rückmeldung zu den Ergebnissen. Hier stellt sich die Frage: Wer führt die Rückmeldegespräche? Wenn Sie Ihre als Beobachter teilnehmenden Führungskräfte im Rahmen der Beobachterschulung umfassend darauf vorbereiten, fundierte und wertschätzende Rückmeldegespräche zu führen, können sie diese Aufgabe mit übernehmen. Unter zeitlichen Aspekten ist dies häufig eine zu bevorzugende Lösung. Führen viele Beobachter (Führungskräfte, Vertreter der Personalabteilung und externe Berater) Rückmeldegespräche, sind diese in einer kürzeren Gesamtzeit zu absolvieren, so dass dem einzelnen Teilnehmer mehr Zeit für sein individuelles Rückmeldegespräch zur Verfügung steht.

Sind die internen Beobachter hinsichtlich der Anforderung eines Rückmeldegesprächs nicht entsprechend ausgebildet, sollte diese Aufgabe von Vertretern aus dem Bereich Personal/Personalentwicklung oder von externen Beratern – ggf. gemeinsam mit den bewertenden Führungskräften – wahrgenommen werden. Häufig steht und fällt die Akzeptanz der Ergebnisse mit der Art und Weise der Rückmeldung. Eine gute Rückmeldung sollte auf das konkret beobachtete Verhalten bezogen, klar und möglichst wertfrei formuliert sein. Begründet werden die Ergebnisse der

Potenzialbeurteilung gegenüber dem Kandidaten anhand der Verhaltensbeobachtungen. Dabei werden nicht nur Entwicklungsaspekte, sondern auch Stärken benannt. So kann sich der Kandidat ein gutes Bild von seinen Stärken und Entwicklungsfeldern machen sowie seine Selbsteinschätzung mit der Fremdeinschätzung abgleichen.

Ein weiterer Aspekt ist hier sehr wichtig: Wenn Mitarbeiter nicht erfahren, wo sie sich verbessern können, werden sie auch in Zukunft keine Verhaltensänderungen zeigen. Dem Unternehmen geht damit nicht nur wertvolles Entwicklungspotenzial verloren, sondern es muss auch um die Zufriedenheit und das Commitment der Mitarbeiter fürchten, die das Bedürfnis haben, etwas über ihre Leistungsfähigkeit zu erfahren. Werden darüber hinaus aus den Ergebnissen keine Entwicklungsempfehlungen abgeleitet, vergibt das Unternehmen die Chance auf die bedarfsorientierte und individualisierte Weiterentwicklung von internen Potenzialträgern.

Für die auf die Potenzialeinschätzung aufbauende Entwicklung der Kandidaten sollten den Teilnehmern, deren Führungskraft und der Personalentwicklung die Ergebnisse auch in schriftlicher Form zur Verfügung stehen. Ein Ergebnisbericht sollte mindestens eine Beschreibung der Stärken und Entwicklungsfelder sowie geeignete Entwicklungsmaßnahmen umfassen. Den betroffenen Mitarbeitern wird auf diese Weise vermittelt, dass mit der Potenzialdiagnose ihre Fähigkeiten nicht nur bewertet, sondern auch gezielt gefördert werden sollen.

2.17 Wie werden die Ergebnisse kommuniziert und dokumentiert?

Diese Frage sollte bereits vor dem Verfahren geklärt sein. Der Umgang mit den Ergebnissen ist nicht nur eine Entscheidung, die getroffen werden muss, die Entscheidung ist auch Teil Ihres Kommunikationsprozesses in das Unternehmen. Entschieden und kommuniziert werden sollte:

- wer welche Ergebnisse bekommt,
- ob und wie lange diese in die Personalakte aufgenommen werden und
- welche Art von Ergebnisberichten es gibt.

In diesem Zusammenhang werden Sie mit der „Verliererproblematik" konfrontiert. Wenn Sie ein Bewertungsverfahren anwenden, wird es neben Teilnehmern, die gut abschneiden, auch Teilnehmer geben, die nicht über die notwendigen Kompetenzen und Potenziale verfügen. Wenn Sie eine Potenzialeinschätzung durchführen, z. B. um Mitarbeiter für einen Nachwuchskräftepool auszuwählen, wird es Kandidaten geben, die Ihre Anforderungen nicht erfüllen und nicht in den Nachwuchskräftepool aufgenommen werden. Entscheidend ist hier immer die Frage, wie Sie im Unternehmen mit dieser Situation umgehen. In Kapitel 10 gehen wir auf dieses Thema differenzierter ein.

Alle relevanten Aspekte für die Gestaltung der Potenzialanalyse sind noch einmal in der nachfolgenden Abbildung in Form einer Checkliste zusammengefasst.

Abbildung 2.4: Checkliste zur Konzeption einer Potenzialanalyse

✓	Ist geklärt:
	warum die Potenzialanalyse eingeführt werden soll und welches Ziel damit erreicht werden soll?
	wer in Ihrem Unternehmen will, dass die Potenzialanalyse durchgeführt wird?
	was genau die Ausgangssituation im Unternehmen kennzeichnet?
	welches Verfahren für Ihr Unternehmen am besten geeignet ist?
	welche Erfahrungen mit Potenzialanalysen bereits im Unternehmen bestehen?
	wo Sie im Unternehmen Unterstützer und Promotoren finden können?
	an welcher Stelle Sie den Betriebsrat und die Arbeitnehmervertretung einbeziehen wollen?
	inwieweit Ihr Personalbereich über die notwendigen Ressourcen zur Entwicklung und Durchführung der geplanten Potenzialanalyse verfügt?
	wie der Kommunikationsprozess zur Potenzialanalyse gestaltet werden kann?
	an welche Zielgruppen sich die Potenzialanalyse richtet?
	wie die Auswahl der Kandidaten erfolgt, die an der Potenzialanalyse teilnehmen werden?
	welche Kompetenzen im Rahmen der Potenzialanalyse erfasst und bewertet werden sollen?
	welches Verfahren für Ihre Zielgruppe am besten geeignet ist?
	wer an der Potenzialanalyse als Bewerter oder Beobachter teilnimmt?
	wie die Beobachter unterstützt werden?
	wie das Feedback an die Teilnehmer gestaltet wird?
	wie die Ergebnisse kommuniziert und dokumentiert werden?

3 Die Anforderungsanalyse – Basis jeder Potenzialeinschätzung

Basis einer erfolgreichen Auswahl und Förderung von Talenten ist die Definition konkreter Anforderungen an die Kompetenzen und Potenziale zukünftiger Leistungsträger. Denn nur, wenn Sie genau wissen, was Kandidaten oder Nachwuchskräfte für eine bestimmte Position mitbringen müssen, können Sie die Erfüllung dieser Anforderungen gezielt prüfen und beurteilen. Und nur, wenn Sie auf dieser Basis die richtige Personalentscheidung treffen, werden diese Mitarbeiter den gewünschten Beitrag zum Erfolg des Unternehmens heute und in der Zukunft leisten.

Auswahl- und Beurteilungsprozesse ohne diese klare Strukturierung binden sowohl zeitliche als auch finanzielle Ressourcen und führen schnell zu falschen Personalentscheidungen. Bei unklar definierten Anforderungen wächst das Risiko, Kandidaten für eine Position auszuwählen, die nicht in ausreichendem Maße über die Kompetenzen, die wir als erfolgskritisch bezeichnen, verfügen. Damit meinen wir die Kompetenzen und Potenziale, die für das erfolgreiche Handeln und Wirken in der zu besetzenden Position Voraussetzung sind.

Darüber hinaus kann die fehlende Fokussierung auf die wirklich wichtigen Anforderungen dazu führen, dass ein passender Kandidat aufgrund von Defiziten in unwichtigen Kompetenzen abgelehnt wird.

D. h., der wesentliche erste Schritt für eine Potenzialanalyse ist die Definition der Anforderungskriterien. Hierfür gibt es verschiedene Herangehensweisen:

1. Viele Unternehmen haben positionsübergreifende Kompetenzmodelle. Diese sollten dann auch Grundlage für die Potenzialeinschätzung sein, da es unserer Meinung nach nicht sinnvoll ist, neben einem Kompetenzmodell separate Anforderungskriterien zu definieren. Verfügen Sie über ein Kompetenzmodell, gilt es zu prüfen, inwieweit die dort beschriebenen Kompetenzen in der geplanten Potenzialanalyse bewertet werden können. Die Kompetenzen bestimmen, welches Verfahren der Potenzialanalyse und vor allem welche Bausteine im Rahmen dieses Verfahrens eingesetzt werden müssen, um die einzelnen Kompetenzen valide zu beurteilen. Dabei werden Sie ggf. auch fest-

stellen, dass sich nicht immer alle Kompetenzen durch ein Verfahren erfassen lassen. Dann gilt es, zu priorisieren und eine Auswahl zu treffen.

Kompetenzmodelle sind nicht immer so ausführlich definiert, dass eindeutig beschrieben ist, welches konkrete Verhalten und Handeln mit einer Kompetenz gemeint ist. Nehmen wir zum Beispiel die Kompetenz „Professionalität". Was genau wird von einem Mitarbeiter erwartet, der aus Sicht des Unternehmens über eine hohe „Professionalität" verfügt? Ohne eine genaue Definition der Kompetenzen, die ein einheitliches Verständnis und eine einheitliche Bewertung der Kandidaten erlaubt, können Sie keine qualitativ hochwertige Potenzialanalyse durchführen. Es nützt Ihnen auch nichts, wenn ein Berater Ihnen im Rahmen der Konzeption der Potenzialanalyse die Kompetenzen definiert. Dann haben Sie sein Verständnis, dies muss mit dem Verständnis in Ihrem Unternehmen aber nicht zwingend viele Gemeinsamkeiten haben.

Zur Vorbereitung der Potenzialanalyse empfehlen wir Ihnen deshalb, einen Workshop mit Entscheidungsträgern aus dem Unternehmen durchzuführen. Hier gilt es, für das Kompetenzmodell die Fragen zu bearbeiten: „Was verstehen wir unter einer guten Professionalität?", „Was genau tut ein Mitarbeiter, der über eine gute ‚Marktorientierung' etc. verfügt?" Wenn Sie ein gemeinsames Verständnis geschaffen haben, können Sie auch ableiten, welche Bausteine Sie im Verfahren nutzen müssen, um diese Kompetenz zu beurteilen.

2. Für die Definition von Profilen für Führungspositionen kann es für die Potenzialanalyse sinnvoll sein, dass Sie ein im Unternehmen etabliertes Führungsleitbild oder Führungsgrundsätze/-werte heranziehen, um die Anforderungen zu beschreiben. In diesem Fall ist es wichtig, zu realisieren, dass Sie mit dem aus Führungsleitlinien gewonnenen Profil zunächst nur Kriterien zur Beurteilung der gewünschten Führungskompetenzen und -potenziale erhalten. Spielen auch andere Anforderungen eine Rolle, müssen die entsprechenden Kompetenzen durch eine Anforderungsanalyse identifiziert und dann in das Profil integriert werden. Für die Ausformulierung des konkret gewünschten Führungsverhaltens, das Sie in Ihrem Unternehmen mit den Führungsgrundsätzen/-leitlinien verbinden, empfehlen wir ebenfalls, wie oben beschrieben, die Durchführung eines Workshops.

3. Anforderungsprofile können auch aus guten und umfassenden Stellenprofilen gewonnen werden. Ob dieses Vorgehen sinnvoll ist, ist abhängig von der Qualität der Stellenprofile/-beschreibungen. Die Stellenprofile sollten Positionsziele, Aufgaben sowie fachliche und überfachliche Anforderungen umfassen, um für die Ableitung eines Anforderungsprofils für eine Potenzialeinschätzung geeignet zu sein. Ein aus einer Stellenbeschreibung gewonnenes Anforderungsprofil kann nur für die Position oder ggf. noch die Positionsgruppe eingesetzt werden, d. h., der Nutzen ist eingeschränkt. Im Rahmen einer konkreten Nachbesetzung ist dies kein Problem, für die Identifikation von Nachwuchskräften ist dieser Ansatz jedoch nicht geeignet. Eine weitere Schwäche ist unserer Einschätzung nach, dass bei der Nutzung einer Stellenbeschreibung die Unternehmensziele und die Strategie im Anforderungsprofil nicht berücksichtigt werden. Damit werden zukünftige, veränderte Anforderungen für die Position leicht übersehen.

Die definierten Anforderungen bilden die Basis für:

- die Auswahl des geeigneten Verfahrens: Mit welchem Verfahren können die Anforderungen am besten überprüft werden?
- die Konzeption geeigneter Verfahren: Welche Aspekte, Übungen und Fragen müssen integriert werden, um alle Anforderungen bewerten zu können?
- eine effiziente Vorauswahl von Kandidaten hinsichtlich Muss-Anforderungen.
- die Bewertung der Kandidaten durch die Erstellung eines Soll-Profils.
- einen qualitativ hochwertigen Beurteilungsprozess durch geeignete Beurteilungsinstrumente.
- einen validen Abgleich zwischen den Erwartungen des Unternehmens und dem konkreten Qualifikationsprofil.
- die Vereinfachung des Abstimmungsprozesses zwischen mehreren Personen, die an einem Auswahl- oder Beurteilungsprozess beteiligt sind, denn sie bewerten und entscheiden mit einer einheitlichen Sicht auf die Anforderungen.

3.1 Gestaltung positionsspezifischer Anforderungsanalysen

Verfügen Sie in Ihrem Unternehmen nicht über Kompetenzmodelle, Leitlinien oder Anforderungsprofile, gilt es, im Vorfeld der Potenzialanalyse ein Profil zu erarbeiten. Nachfolgend stellen wir Ihnen mögliche Vorgehensweisen vor.

Eine Anforderungsanalyse kann sowohl bottom-up als auch top-down durchgeführt werden. Bei einem Bottom-up-Vorgehen bilden die konkreten Aufgaben einer Tätigkeit die Grundlage für die Definition der Anforderungen. Innerhalb des Workshops werden über die Aufgaben gemeinsam mit den am Potenzialanalyseverfahren beteiligten Entscheidern die Anforderungen abgeleitet. Bei einem Top-down-Verfahren werden aus Unternehmenszielen und -strategie die Ziele der jeweiligen Position abgeleitet. Aus den Positionszielen lassen sich dann die konkreten Anforderungen ableiten. Auch eine Kombination beider Vorgehensweisen ist denkbar und sorgt für ein umfassendes Ergebnis, in das verschiedene Sichtweisen integriert sind.

Anforderungen beschreiben die Fähigkeiten, Verhaltenskompetenzen, persönlichen Kompetenzen etc., die der Kandidat braucht, um eine Zielposition erfolgreich auszufüllen. Im Rahmen von Anforderungsanalysen ist es vor dem Hintergrund der notwendigen Beobachtbarkeit dieser Kompetenzen besonders wichtig, dass die Anforderungen so konkret und detailliert wie möglich beschrieben sind. Die Anforderung „Kommunikationsfähigkeit" ist für eine konkrete Beobachtung in einer Potenzialanalyse zu ungenau – woher weiß der Beobachter, welche Verhaltensaspekte er zu Kommunikationsfähigkeit zählen soll? Beschreiben Sie deshalb – egal, für welche Methode zur Erstellung von Anforderungsanalysen Sie sich entscheiden – immer im Detail, welches Verhalten Sie bzw. Ihr Unternehmen konkret unter einer erforderlichen Anforderung verstehen. Wie dies aussehen kann, ist in **Abbildung 3.2** dargestellt.

3.1.1 Critical Incidents Technique

Die Methode der Critical Incidents Technique basiert auf dem Grundgedanken, dass die Kenntnis des tatsächlich beobachteten Verhaltens in einer beruflichen Situation den subjektiven Eindrücken und Meinungen über das Verhalten vorzuziehen ist. Bei diesem Bottom-up-Vorgehen werden aktuelle Positionsinhaber oder andere Personen im Unternehmen befragt, die sich mit der zu beschreibenden Stelle auskennen. Die Besonderheit der Befragung liegt in der Konzentration auf die Beschreibung mehrerer erfolgskritischer Situationen, die für diese Stelle typisch sind. Die Critical Incidents, oder auch kritischen Ereignisse, können dabei für die Erreichung der Positionsziele entweder besonders förderlich oder auch besonders hinderlich sein.

Im ersten Schritt definieren Sie pro Position etwa acht bis zehn erfolgsrelevante „kritische" Arbeitssituationen, in denen sich leistungsstarke von weniger leistungsstarken Mitarbeitern in ihrem Verhalten unterscheiden. Um solche Situationen zu identifizieren, können Sie neben der Befragung der aktuellen Stelleninhaber auch selbst Beobachtungen am Arbeitsplatz vornehmen. Auch der direkte Vorgesetzte sowie Kunden können Ihnen wichtige Informationen liefern.

Im zweiten Schritt analysieren Sie anhand der gewonnen Daten für jede erfolgskritische Situation, welche genau die Verhaltensweisen sind, die den erfolgreichen Mitarbeiter kennzeichnen. Analysieren Sie auch die Verhaltensweisen, die einen weniger erfolgreichen Mitarbeiter charakterisieren. Diese Verhaltensunterschiede zwischen erfolgreichen und weniger erfolgreichen Mitarbeitern bilden die Basis für Ihr Anforderungsprofil.

Im dritten Schritt leiten Sie die konkreten Anforderungsmerkmale für diese Position ab. Dabei beschreiben Sie genau das gewünschte Verhalten, das der zukünftige Positionsinhaber zeigen sollte. Diese Anforderungsmerkmale ergeben in ihrer Gesamtheit das Anforderungsprofil. Das sich so ergebende Soll-Profil beschreibt nun ganz konkret die Kompetenzen, über die ein Kandidat notwendigerweise zur erfolgreichen Erfüllung seiner Aufgaben verfügen muss. Wollen Sie in Ihrem Verfahren Verhaltenssimulationen (vgl. Kapitel 4.3) einsetzen, können Sie die ermittelten kritischen Situationen für deren Gestaltung nutzen.

Die Critical Incident Technique setzt voraus, dass tatsächlich Verhalten beobachtbar ist. Dies ist jedoch nicht immer der Fall, z. B. dann, wenn eine Position neu geschaffen wird oder wenn es keine typischen Arbeitssituationen in dem Sinne gibt (z. B. bei Trainees). Dann, wie auch bei der Identifikation von Potenzialträgern ohne klare Zielposition, ist ein Top-down-Vorgehen besser geeignet.

3.1.2 Interviews mit Entscheidungsträgern

Eine Top-down-Vorgehensweise zur Anforderungsdefinition ist die Befragung von Entscheidungsträgern und von Führungskräften, die der Zielposition überstellt sind. Befragt werden die Führungskräfte in Interviews z. B. nach:

- den Kompetenzen, die ein zukünftiger erfolgreicher Positionsinhaber mitbringen muss,
- dem Verhalten, das die aktuellen Positionsinhaber, die die entsprechende Kompetenz in der notwendigen Ausprägung besitzen, kennzeichnet,
- den aktuellen und zukünftigen Herausforderungen der Zielposition und
- den Veränderungen, die in der Zielposition bewältigt werden müssen, und den hierfür notwendigen Kompetenzen.

Die gesammelten Daten müssen so aufbereitet werden, dass aus der Anzahl der Nennungen bestimmter Kompetenzen das Anforderungsprofil generiert werden kann. Was häufiger genannt wurde, ist für das Anforderungsprofil von hoher Bedeutung. Bei einer ausreichend verhaltensorientierten Befragung sollten die Verhaltensbeschreibungen zu den einzelnen Kompetenzen bereits in den Interviews mitgeneriert worden sein.

Die gewonnenen Anforderungskriterien können mit dem unter Abschnitt 3.3 beschriebenen Vorgehen noch einmal hinsichtlich ihrer Bedeutung für die Position überprüft und gewichtet werden.

3.1.3 Effizient – Anforderungsanalyse in drei Schritten

Eine sehr effiziente Vorgehensweise der Anforderungsanalyse ist die Definition der Anforderungskriterien in den drei Schritten:

1. Definition der Positionsziele
2. Beschreibung der Aufgaben
3. Klärung der dafür notwendigen Fähigkeiten und Motivationen

Der besondere Vorteil dieses Vorgehens ist, dass Sie am Ende des Prozesses nicht nur die gewünschten Kompetenzen oder Anforderungsdimensionen definiert haben, sondern mit Ihren Arbeitsergebnissen auch alle notwendigen Informationen von der Gestaltung einer Stellenausschreibung bis hin zu allen wesentlichen Informationen für Ihre Potenzialanalyse gewonnen haben.

Weitere Vorteile des Vorgehens sind, dass:

- die Anforderungsanalyse bei den Positionszielen ansetzt. Davon ausgehend werden die Aufgaben einer Position erarbeitet und die relevanten Anforderungen abgeleitet.
- die Anforderungskriterien in die Zukunft gerichtet sind.
- die Anforderungskriterien bei Positionsveränderungen mit geringem Aufwand aktualisiert werden können.

Führen Sie auch hier die Anforderungsanalyse als Workshop mit wichtigen Entscheidungsträgern des Unternehmens durch. So stellen Sie sicher, dass Sie Anforderungen definieren, die mit dem Management abgestimmt sind. Erstellen Sie ein Anforderungsprofil für eine definierte Zielposition, können Sie Führungskräfte, die ein oder zwei Ebenen über der Zielposition angesiedelt sind, einbeziehen. Möchten Sie ein unternehmensweites Kompetenzmodell generieren, muss das Management in den Workshop einbezogen werden. Gleiches erachten wir für wichtig, wenn Sie unternehmensweite Talentkriterien für Nachwuchskräfte erarbeiten wollen.

Schritt 1: Identifikation der Positionsziele

- Um die Ziele, die in der Position erreicht werden sollen, zu erarbeiten, stellen Sie eine der folgenden Fragen:
  - Was soll mit der erfolgreichen Besetzung der Position erreicht werden?
  - Warum nehmen wir so viel Geld in die Hand, um die Position zu besetzen?

- Formulieren Sie für jede Position drei bis fünf Kernziele. Bei der Definition der Ziele sollten Sie die Position immer wieder in den Abgleich mit der gegenwärtige Situation des Unternehmens bringen:
  - In welchen strategischen Geschäftsfeldern bewegt sich das Unternehmen?
  - Welche aktuell relevanten Erfolgsfaktoren gibt es?
  - Was sind die quantitativen und qualitativen Unternehmensziele?
  - Welche Aussagen der Unternehmensstrategie sind für die Position relevant?
  - Welche Veränderungen sind absehbar?

Schritt 2: Beschreibung der Kernaufgaben

- Im Anschluss leiten Sie für jedes Positionsziel die vier bis sechs Kernaufgaben ab, die zur Zielerreichung notwendig sind. Fragen Sie:
  - Was muss der Positionsinhaber tun, um die Positionsziele zu erreichen?

- Achten Sie bei der Formulierung der Aufgabenfelder darauf, wirklich Tätigkeiten und nicht Eigenschaften zu beschreiben: „Der Positionsinhaber muss neue Kundenkotakte aufbauen.", aber nicht: „Der Positionsinhaber muss neue Kundenkontakte aufbauen können." Die Fähigkeiten werden erst im nächsten Schritt beschrieben.

Schritt 3: Definition der Anforderungen

- Im letzten Schritt leiten Sie aus den beschriebenen Aufgaben die Anforderungen an einen Stelleninhaber ab. Fragen Sie:
  - Was muss der Positionsinhaber können und wollen, um die definierten Aufgaben gut zu erfüllen?

Gestaltung positionsspezifischer Anforderungsanalysen

- Die Anforderungen in Bezug auf das Können zeigen auf, über welche erlernten Kompetenzen, Erfahrungen, Fertigkeiten, Fähigkeiten, Methodenwissen und über welches Know-how ein Kandidat verfügen muss, um die Aufgaben zu meistern. Anforderungen, die das Wollen betreffen, beziehen sich auf die Motivation, die Persönlichkeit des Kandidaten. Überlegen Sie auch hier ganz konkret: Was sollte einer Person Spaß machen, was sollte sie gerne tun, damit sie die Aufgaben gut erfüllt? Mit der Beachtung der Motivation beziehen Sie wichtige Persönlichkeitsmerkmale in die Anforderungsanalyse ein. Sie sind in der Regel erfolgskritischer als die Aspekte des Könnens und beeinflussen die langfristige Zufriedenheit und Leistungsfähigkeit des Positionsinhabers stärker. Anders als Kompetenzen sind Persönlichkeitsmerkmale nicht erlern- oder trainierbar, sie gelten als relativ stabil, weshalb dem Aspekt des Wollens eine besondere Bedeutung zukommt.

Abbildung 3.1 gibt Ihnen ein Beispiel und einen Gesamtüberblick über das Vorgehen in der Anforderungsanalyse.

Abbildung 3.1: Exemplarische Anforderungsanalyse in drei Schritten für ein Positionsziel

Vom Ziel zu den Anforderungen in drei Schritten – ein Beispiel

Positionsziel	Aufgaben	Anforderungen: Können/Wollen
Es soll erreicht werden, dass die Mitarbeiter durch den Positionsinhaber ihren Kompetenzen und Potenzialen entsprechend gefördert werden.	· Regelmäßige Mitarbeitergespräche führen · Leistungsbeurteilung des Mitarbeiters vornehmen · Anleiten am Arbeitsplatz · Absprache mit PE zu möglichen Fördermaßnahmen · Coachinggespräche mit den Mitarbeitern führen	· Mitarbeiterleistungen und -potenziale erkennen können · Fragen können · Zuhören können · Delegieren können · Sich auf den Mitarbeiter einstellen können · Wissen zu geeigneten Fördermaßnahmen haben · Maßnahmen ableiten können · Feedback geben können · Interesse an der Mitarbeiterentwicklung haben

Für den erfolgreichen Prozess in der Anforderungsanalyse ist es wichtig, dass Sie:

- den Prozess sauber Schritt für Schritt durcharbeiten. Lassen Sie sich nicht – z. B. aus Zeitgründen – dazu verführen, einzelne Schritte auszulassen: „Die Aufgaben brauchen wir doch nicht, die kennen wir doch, wir können gleich die Anforderungen beschreiben."

- bei den einzelnen Schritten sehr genau darauf achten, wirklich Ziele, Aufgaben und dann Kompetenzen zu erarbeiten. Hier spielt die richtige Formulierung eine Rolle. Ziele beginnen am besten mit der Aussage: „Es soll erreicht werden, dass ..." Halten Sie in diesem Schritt alle Beteiligten immer wieder dazu an, noch keine Aufgaben zu beschreiben. Hierfür müssen Sie sie z. T. viel steuern und korrigieren. Gleiches gilt für die Definition der Aufgaben. Die entscheidende Frage lautet hier: „Was genau muss jemand tun?"

- bei der Definition des Könnens und Wollens diese sehr konkret beschreiben. Zu übergreifende Aussagen oder Begriffe, die verschiedene Interpretationen ermöglichen, sollten Sie genauer hinterfragen: „Was kann jemand genau?" Es reicht nicht zu beschreiben, dass jemand Kommunikationsfähigkeiten haben muss. Das ist zu ungenau, weshalb Sie hier weiterfragen müssen: „Was kann jemand, der gute Kommunikationsfähigkeiten hat?" Das könnte z. B. die Fähigkeit sein, zuzuhören. Dann sind Sie auf der richtigen Ebene. Nur mit diesem strukturierten Vorgehen können Sie im nächsten Schritt ein Anforderungsprofil mit den dazugehörigen Verhaltensankern pro Dimension generieren. Nur so wissen Sie, welches Verhalten und welche Kompetenz Sie in Ihrer Potenzialanalyse tatsächlich beobachten wollen.

Bestimmte Fähigkeiten oder Eigenschaften werden im Verlauf der Anforderungsanalyse häufiger genannt. Das macht nichts, brechen Sie den Prozess hier nicht ab. Je häufiger eine Fähigkeit genannt wird, umso wichtiger scheint sie für den Positionserfolg zu sein. Und dies ist eine wichtige Information für Sie.

3.2 Von der Anforderungsanalyse zum Anforderungsprofil

Das Ergebnis der Anforderungsanalyse ist eine umfangreiche Sammlung von Fähigkeiten und Eigenschaften auf einem sehr differenzierten Niveau. Diese müssen im nächsten Schritt inhaltlich logisch zu Anforderungsdimensionen zusammengefasst werden. Wenn z. B. die Kompetenzen „Gespräche steuern können, zuhören können, Fragen stellen können, klare Ausdrucksweise" erarbeitet wurden, können Sie diese zu der Dimension „Kommunikationsfähigkeit" zusammenfassen. Die einzelnen Kompetenzen bilden die Grundlage für die Formulierung der zu der jeweiligen Dimension gehörenden Verhaltensanker. Ein Beispiel ist in der folgenden **Abbildung** 3.2 dargestellt.

Abbildung 3.2: Ableitung der Verhaltensanker aus den Kompetenzen einer Kompetenzdimension

Von den Fähigkeiten zu Verhaltensbeschreibungen für die Anforderungsdimension

Kommunikationsfähigkeit
- Steuert das Gespräch zielgerichtet
- Hört seinem Gegenüber aufmerksam zu
- Stellt offene Fragen
- Fragt nach
- Drückt sich klar und verständlich aus

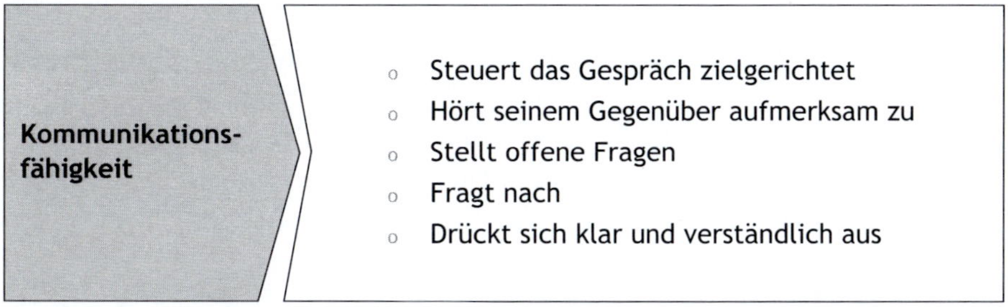

Mit diesem Schritt wird deutlich, wie wertvoll das beschriebene exakte Vorgehen bei einer Anforderungsanalyse ist. Für den Beobachtungsprozess in der Potenzialanalyse haben Sie jetzt alles, was die Beobachter brauchen, um zu wissen, welche Verhaltensweisen zu einer Dimension gehören, wie sie zu verstehen sind und was bewertet werden muss. Wichtig ist, die Verhaltensanker immer positiv und nie als Verneinung zu formulieren.

Um während der Potenzialanalyse eine differenzierte Beurteilung der Verhaltensanker vornehmen zu können, muss Ihr Anforderungsprofil eine Bewertungsskala haben. Sie ermöglicht die Einschätzung, in welchem Maße ein Kandidat das Verhalten gezeigt hat bzw. über die entsprechende Kompetenz verfügt. So sind hinsichtlich des Kompetenzniveaus wesentlich genauere Aussagen möglich als durch eine schlichte Ja/Nein-Beurteilung. Zudem wird ein Vergleich zwischen verschiedenen Kandidaten differenzierter. Sie können z. B. mehrere sehr gute Bewerber hinsichtlich unterschiedlicher Kompetenzausprägungen voneinander unterscheiden.

Aufgrund unserer Erfahrung empfehlen wir, eine Bewertungsskala mit mindestens vier Bewertungsstufen zu wählen. Nur so bleibt den Bewertenden genug Raum für Differenzierung. In der Praxis haben sich Fünfer- und Siebenerskalierungen bewährt. Bei Fünferskalen haben die Beobachter häufig trotzdem noch den Eindruck, nicht ausreichend differenzieren zu können. Darüber hinaus ist die Gefahr einer Tendenz zur Mitte bei einer Fünferskala höher, denn viele Beurteiler scheuen sich, den höchsten oder niedrigsten Wert zu vergeben. Damit ergibt sich aber automatisch eine Häufung der mittleren Werte. Fraglich ist dann, ob die Einschätzungen den Kandidaten wirklich gerecht werden. Bei einer Siebenerskalierung ist diese Tendenz geringer und der Differenzierungsgrad besser. Die richtige Nutzung der Skalierung durch die Beobachter bei der Beobachtung und Bewertung der Kandidaten im laufenden Potenzialanalyseverfahren ist ein wichtiges Thema in der Beobachterschulung. Hier müssen die als Beobachter eingesetzten Führungskräfte auch für ihre eigenen Beurteilungsfehler sensibilisiert werden, um diese bei der Bewertung so gering wie möglich zu halten.

In der Regel werden die verschiedenen Skalierungsstufen mit Zahlen angegeben, z. B. 1 bis 7. Wichtig ist, zu beschreiben, was die einzelne Zahl für die Ausprägung des Verhaltens heißt. Die Umsetzung eines Zahlenwertes in die Bewertung eines beobachteten Verhaltens ist ebenfalls ein wesentlicher Aspekt in der Schulung der Beobachter. Legen Sie besonderen Wert darauf, ein einheitliches Verständnis der unterschiedlichen Skalenstufen zu schaffen.

Arbeiten Sie in Ihrem Unternehmen bereits mit Skalierungen bei Bewertungen, z. B. bei Mitarbeiterbefragungen oder Mitarbeiterbeurteilungen, kann es gut sein, diese Skalierung auch zur Bewertung in der Potenzialanalyse zu nutzen. So stellen Sie sicher, dass Ihre internen Beobachter mit der Skala sicher umgehen können und eine klare Vorstellung von der Bedeutung der Stufen haben. Haben Sie allerdings die Erfahrung gemacht, dass die bestehende Skalierung fehlerhaft genutzt wird, wäre dies ein Grund, für die aktuelle Potenzialanalyse eine neue Skalierung zu etablieren, um ein Übertragen der Fehler auf das neue Verfahren zu verringern.

In **Abbildung 3.3** finden Sie ein Beispiel für eine siebenstufige Skala, deren einzelne Stufen nachfolgend erläutert sind.

Abbildung 3.3: Verhaltensanker der Anforderungsdimension „Gesprächsführungskompetenz" und siebenstufige Bewertungsskala

Bewertung der Verhaltensanker einer entsprechenden Kompetenzdimension

Anforderungsdimension, z.B. Gesprächsführungskompetenz	1	2	3	4	5	6	7
Drückt sich klar und verständlich aus							
Fragt nach							
Stellt offene Fragen							
Hört dem Gesprächspartner aufmerksam zu							
Steuert das Gespräch zielgerichtet							

1 =	Hat das Verhalten trotz Gelegenheit nicht gezeigt
2 =	Hat das Verhalten ansatzweise gezeigt
3 =	Hat das Verhalten in geringem Umfang gezeigt
4 =	Hat das Verhalten als angemessene Kompetenz gezeigt
5 =	Hat das Verhalten als gute Kompetenz gezeigt
6 =	Hat das Verhalten als sehr gute Kompetenz gezeigt
7 =	Hat das Verhalten als herausragende Kompetenz gezeigt

Bei dieser Skala, die für eine Qualifizierungsbedarfsanalyse genutzt wurde, definiert der Wert 4 den Benchmark für das gewünschte Verhalten, d. h., bei diesem Wert besteht für das Verhalten eines Teilnehmers kein zwingender Trainingsbedarf, wenngleich weitere Optimierungen möglich sind. Die Vergabe des Wertes 7 bedeutet folglich, dass das Verhalten des Teilnehmers höchsten Ansprüchen genügt, der Teilnehmer in dieser Kompetenz als Vorbild gesehen werden kann und dazu in der Lage wäre, diesbezüglich seinen Kollegen etwas beizubringen.

Wichtige Fragen zur Erstellung einer passenden Skalierung sind:

- Wie stark soll eine bestimmte Kompetenz ausgeprägt sein?
- Welcher Wert spiegelt die Soll-Anforderung an die Kompetenzausprägung?
- Was machen wir, wenn der Soll-Wert nicht erreicht wird?
- Gibt es Bewertungen bestimmter Kompetenzen, die zu einem Ausschluss des Kandidaten führen?
- Brauchen wir ein Soll-Profil, das pro Wert genau beschreibt, welcher Ziel-Wert (Kompetenzausprägung) erreicht werden soll, oder wollen wir eine bestimmte Ausprägungsstufe (immer Wert 4 oder 5) als Zielbereich beschreiben?

In **Abbildung 3.4** ist ein exemplarisches Anforderungsprofil mit definierten Soll-Werten dargestellt.

Abbildung 3.4: Beispielhaftes Anforderungsprofil mit Soll-Werten

Musterprofil für eine Führungsposition

Kompetenz	1	2	3	4	5	6	7
Führungskompetenz							
Zielorientierung	○	○	○	○	●	○	○
Mitarbeiterkontrolle	○	○	○	○	○	●	○
Mitarbeitermotivation	○	○	○	○	●	○	○
Verantwortungsbereitschaft	○	○	○	○	●	○	○
Entscheidungsfähigkeit	○	○	○	○	○	●	○
Fachkompetenz							
Analytisches Denken	○	○	●	○	○	○	○
Konzeptionelles/lösungsorientiertes Denken	○	○	●	○	○	○	○
Beratungskompetenz	○	○	●	○	○	○	○
Zwischenmenschliche Kompetenz							
Kommunikationskompetenz	○	○	○	○	●	○	○
Selbstdarstellung und Auftreten	○	○	○	○	●	○	○
Konfliktfähigkeit	○	○	○	○	●	○	○

Für eine bessere Differenzierung definieren einige Unternehmen bei der Skalierung ihres Auswahlverfahrens Ausschlusskriterien. Das bedeutet, dass ein Kandidat, der in einem laufenden Verfahren z. B. ein- oder zweimal eine Bewertung auf Stufe 1 erhält, im weiteren Prozess nicht mehr berücksichtigt wird. Vor dem Hintergrund der Schwierigkeiten der Beobachter, einem Kandidaten ein klares und endgültiges Nein auszusprechen, selbst wenn es für den Kandidaten die bessere Entscheidung wäre, ist diese Vorgehensweise sehr hilfreich.

Wenn Sie z. B. Mitarbeiter für Ihren Nachwuchskräftepool auswählen möchten, sollten Sie bereits im Vorfeld Ausschlusskriterien definieren, um schwierige Situationen in der Beobachterkonferenz – wie z. B. lange Diskussionen über die Frage, wie mit einzelnen Kandidaten umgegangen werden soll – zu vermeiden. Hilfreiche Fragen zur Klärung der Ausschlusskriterien könnten sein:

- Welche Kompetenzeinschätzung muss der Kandidat auf welchen oder auf wie vielen Dimensionen erreicht haben, um in den Nachwuchskräftepool aufgenommen zu werden?
- Welche Kompetenzeinschätzung muss der Kandidat auf welchen oder auf wie vielen Dimensionen erreicht haben, um eine Empfehlung für eine erneute Teilnahme in z. B. zwei Jahren zu bekommen (aktuell keine Aufnahme in den Nachwuchskräftepool)?
- Bei welcher Kompetenzeinschätzung auf welchen oder auf wie vielen Dimensionen wird eine klare Absage ausgesprochen?

Diese Fragen können Sie leichter beantworten, wenn Sie das erarbeitete Anforderungsprofil mit dem im nächsten Abschnitt beschriebenen Vorgehen überprüfen.

3.3 Qualitätssicherung – Überprüfung der erarbeiteten Anforderungskriterien

Mit den Methoden, die wir Ihnen vorgestellt haben, generieren Sie Anforderungen an Positionen auf intuitivem Weg – Positionsinhaber oder Entscheidungsträger schildern die aus ihrer Sicht wichtigen Ziele, Aufgaben und damit zusammenhängende Anforderungen. Damit fällt auch die Entscheidung über die Wichtigkeit verschiedener Anforderungen intuitiv, basierend auf Erfahrungen und individuellen Annahmen. Oft scheinen jedoch viele Anforderungen subjektiv gleich wichtig zu sein, auch wenn die berufliche Realität zeigt, dass nicht jede Anforderung gleich relevant für den Positionserfolg ist und deshalb bei einer Anforderungsanalyse auch anders gewichtet werden sollte. Wenn Sie wissen, welche Kompetenz wie bedeutsam für den Positionserfolg ist, können Sie Besetzungsentscheidungen mit noch höherer Sicherheit treffen.

Indem die Anforderungen hinsichtlich ihrer Bedeutung für den Erfolg in der Zielposition miteinander verglichen werden, kann die Wichtigkeit einer Kompetenz definiert werden. Die einfachste Möglichkeit der Umsetzung dieses Vergleiches bieten hierbei computergestützte Skalierungsverfahren. Ein pragmatisches Verfahren hierfür basiert auf Paarvergleichen und ermöglicht eine differenzierte, psychometrisch fundierte Messung auf Verhältnisskalenniveau. Die durch eine Anforderungsanalyse definierten Kompetenzen werden mit diesem Verfahren hinsichtlich ihrer Bedeutung für den Positionserfolg überprüft. Hierfür werden jeweils zwei Kompetenzen miteinander verglichen: „Was ist wichtiger: Kompetenz A oder B oder sind beide gleich wichtig?" Im nächsten Schritt wird dann eingeschätzt, um wie viel wichtiger eine Kompetenz für den Erfolg ist. Dies wird so oft wiederholt, bis alle Kompetenzen miteinander verglichen worden sind und die wichtigste Kompetenz identifiziert ist, was durch das computergestützte Vorgehen maßgeblich vereinfacht wird. Die Einschätzung der Bedeutung wird dabei von denselben Personen vorgenommen, die an der Anforderungsanalyse mitgewirkt haben, also z. B. die Entscheidungsträger Ihres Unternehmens. **Abbildung 3.5** verdeutlicht die Form des Vergleichs.

Abbildung 3.5: Überprüfung der Anforderungskriterien mit Paarvergleichen

EDV-gestützte Paarvergleiche

Was ist Ihnen wichtiger: Überzeugungskraft oder Durchsetzungsfähigkeit?
☒ Überzeugungskraft ist wichtiger
☐ Beides gleich wichtig
☐ Durchsetzungsfähigkeit ist wichtiger

Um wie viel wichtiger ist Ihnen die gewählte Anforderung?

gleich	etwas		viel		sehr viel		extrem viel

Im Ergebnis erstellt das Programm eine Gewichtung der einzelnen Anforderungen (siehe **Abbildung 3.6**).

Abbildung 3.6: Gewichtung der Anforderungen entsprechend der Bedeutsamkeit

EDV-gestützte Paarvergleiche

Anforderung	Gewichtung
Überzeugungskraft	42.7
Führungskompetenz	27.4
Sensibilität	18.9
Durchsetzungsfähigkeit	11.0

In unserem Beispiel zeigt sich, dass „Überzeugungskraft" mit Abstand die wichtigste Anforderung an Kandidaten ist. Dies sollte dementsprechend auch im Soll-Profil berücksichtigt werden, z. B. durch einen hohen Zielwert.

Durch diese sehr strukturierte und übersichtliche Vorgehensweise lässt sich sicherstellen, dass die wirklich erfolgskritischen Anforderungen treffsicher ermittelt werden. Die Ergebnisse werden für alle Beteiligten nachvollziehbar generiert, was einen erheblichen Einfluss auf die Akzeptanz der Ergebnisse hat. Auch können bereits festgelegte Profile entsprechend verifiziert werden und ermöglichen den Beteiligten nicht selten überraschende Erkenntnisse dahingehend, welche Kompetenzen z. B. für den Erfolg in einer Position von elementarer Bedeutung sind.

Für die Durchführung der computergestützten Bewertung können Sie die Entscheidungsträger einzeln oder im Rahmen eines Workshops bitten, die entsprechende Einschätzung vorzunehmen.

3.4 Die Bedeutung der Persönlichkeit für den beruflichen Erfolg

Wenn wir uns die Frage stellen, was Menschen in ihrem beruflichen Leben oder in einer bestimmten Position erfolgreich macht, ist es immer die Passung zwischen den Anforderungen und Rahmenbedingungen einer Position und dem Wissen, den Verhaltenskompetenzen und der Persönlichkeit einer Person. Die differenziertere Einschätzung dieser Passung ist Ziel und Zweck von Potenzialeinschätzungs- oder Auswahlverfahren.

Häufig wird der Fachkompetenz für den beruflichen Erfolg eine besonders hohe Bedeutung zugewiesen. Es kann auch keinen Zweifel geben, dass ohne Fachkompetenz kein wirklicher Erfolg möglich ist. Wenn Sie aber einmal darüber nachdenken, warum sich Ihr Unternehmen von bestimmten Mitarbeitern getrennt hat, z. B. von Mitarbeitern, die die Ziele der Position nicht erfüllt haben, werden Sie wahrscheinlich feststellen, dass hierbei selten die fehlenden Fachkompetenzen die ausschlaggebende Rolle gespielt haben. Viel häufiger ist es der Fall, dass ein Mitarbeiter in seiner Persönlichkeit nicht zu der Position passte und dies zur Trennung führte. Konsequenzen dieser fehlenden Passung sind Probleme bei der Zusammenarbeit, mangelnde Einsatzbereitschaft, mangelnde Leistungsergebnisse, Reibungsverluste durch zwischenmenschliche und intrapersonelle Konflikte und vieles mehr. D. h., dass der Passung der Persönlichkeit im Rahmen der Potenzialeinschätzungen eine besondere Beachtung zukommen muss. **Abbildung 3.7** macht die Bedeutung der Persönlichkeit als Basis dessen, was die Leistungsfähigkeit eines Menschen ausmacht, noch einmal deutlich.

Abbildung 3.7 Die Persönlichkeit als Grundlage für die Leistungsfähigkeit eines Menschen

Im Rahmen von internen oder externen Stellenbesetzungen werden immer gewisse Kompromisse hinsichtlich der Passung zwischen Kandidat und Position eingegangen werden müssen. Den perfekt passenden Kandidaten gibt es zu selten. Das ist auch in Ordnung, wenn wir uns darüber im Klaren sind, wo wir die Kompromisse eingehen. Das Wissen eines Menschen umfasst das, was er gelernt hat. Fehlt einem Kandidaten für die Position notwendiges Wissen in bestimmten Bereichen oder in einem gewissen Umfang, können wir davon ausgehen, dass wir ihm dieses beibringen können. Der hierfür notwendige Aufwand ist relativ gut abschätzbar. D. h., bei fehlendem Wissen gehen wir einen kalkulierbaren Kompromiss ein. Ähnlich verhält es sich mit den Verhaltenskompetenzen eines Kandidaten. Hinsichtlich des Verhaltens müssen Sie sich darüber im Klaren sein, dass ein Training oder Lernen mehr Zeit beansprucht als der reine Wissenserwerb. Eine Veränderung oder Entwicklung von Verhalten ist aber möglich und wir gehen bei fehlenden Verhaltenskompetenzen wiederum einen kalkulierbaren Kompromiss ein, wenn wir diesen Kandidaten trotzdem auswählen.

Anders stellt sich die Situation bei den Leistungsaspekten dar, die durch die Persönlichkeit eines Kandidaten beeinflusst werden. Gemeint sind Werte, Ziele, Emotionen und Motivationen. Die Persönlichkeit eines Menschen gilt als relativ stabil und wir werden sie im beruflichen Kontext nicht verändern. Selbstverständlich kann ein Mitarbeiter auch Dinge tun, die nicht seiner Persönlichkeit entsprechen. Je nach Ausmaß wird ihm dies aber nur in gewissem Umfang und mit erhöhter Anstrengung gelingen. Beobachtungen und Erfahrungen aus dem Alltag lehren uns, dass es früher oder später zu gravierenden Schwierigkeiten hinsichtlich Zusammenarbeit und Leistung des Mitarbeiters kommen wird. Für Ihre Potenzialanalysen bedeutet dies, dass dem Erfassen der Passung zwischen persönlichkeitsrelevanten Anforderungsvariablen und den Positionsanforderungen viel Aufmerksamkeit und Bedeutung zugeschrieben werden sollte. Eine Aussage wie z. B.: „Das bisschen Durchsetzungsfähigkeit bringen wir dem noch bei, dann passt es.", ist riskant und folgenreich. Haben Sie einen Kandidaten, dessen Verhalten und Wertesystem durch ein hohes Streben nach Harmonie gekennzeichnet ist, werden Sie ihm keine wirkliche Durchsetzungsfähigkeit beibringen können. Das, was er in dieser Beziehung zu leisten in der Lage ist, wird Ihren Ansprüchen auf Dauer nicht genügen.

Vor diesem Hintergrund sollten Sie sich also bei der Beurteilung der persönlichen Kompetenzen darüber im Klaren sein, dass hier eine von vornherein bestehende Passung zwischen den Anforderungen und der Person der beste Weg für eine langfristig erfolgreiche Stellenbesetzung ist. In Kapitel 7 zeigen wir Möglichkeiten auf, wie wichtige Persönlichkeitsvariablen im Rahmen von Potenzialanalysen erhoben werden können.

4 Assessment-Center – der klassische Ansatz in der Potenzialanalyse

Assessment-Center sind eine bewährte und geschätzte Methode zur Gestaltung externer Personalauswahl und interner Potenzialdiagnostik. Fähigkeiten (Was kann der Kandidat zum heutigen Zeitpunkt?) und Potenziale (Wo sind bei dem Kandidaten Ansätze zu erkennen, die mit individueller Förderung zu einer Kompetenz entwickelt werden können?) einer Person werden im Assessment-Center auf Grundlage realer Verhaltensbeobachtungen eingeschätzt. Während des meist ein- bis dreitägigen Verfahrens werden die Teilnehmer bei der Bearbeitung und Lösung verschiedener Aufgaben beobachtet und bewertet.

Bei der Gestaltung und Durchführung von Assessment-Centern sollten sechs grundlegende Leitlinien beachtet werden, um die hohe Qualität der Ergebnisse hinsichtlich Gültigkeit, Zuverlässigkeit und Objektivität zu gewährleisten:

1. Die zu beurteilenden Kompetenzen/Potenzialkriterien werden im Rahmen einer Anforderungsanalyse gewonnen.
2. Die Simulationen des Assessment-Centers spiegeln die Aufgaben der Zielposition.
3. Die Aufgaben gewährleisten eine breite Diagnostik sowohl hinsichtlich methodisch-analytischer als auch kommunikativ-zwischenmenschlicher Kompetenzen und persönlicher Eigenschaften.
4. Die Beurteilung der Kandidaten erfolgt durch gut geschulte Beobachter.
5. Beurteilt wird nach dem Mehr-Augen-Prinzip, d. h., jeder Kandidat wird mehrfach von verschiedenen Beobachterteams beurteilt.
6. Jede Kompetenzdimension wird in mindestens zwei verschiedenen Simulationen beobachtet.

Auf die einzelnen Aspekte wird im Verlauf dieses Kapitels gesondert eingegangen.

Das Assessment-Center ist eine der Methoden der Potenzialanalyse, bei denen in den verschiedenen Situationssimulationen eine klare Handlungsaufforderung für den Kandidaten besteht: Er soll – entsprechend der jeweiligen Aufgabenstellung – „nicht nur reden, sondern wirkliches Verhalten zeigen". Das, was ein Kandidat für die Bewältigung der Position können, wissen und wollen sollte, muss er in Simulationen unter Beweis stellen. Werden in ein Management Audit (vgl. Kapitel 6) Situationssimulationen integriert, wird dieser Anspruch auch dort realisiert.

Hinsichtlich der Qualität und der Validität der Ergebnisse erreicht man die besten Kompetenz- und Potenzialaussagen, wenn die Aufgaben und Situationssimulationen des Assessment-Centers die Anforderungen der Zielposition möglichst umfassend widerspiegeln und in ihrer Gestaltung so nah wie möglich an den realen Anforderungen orientiert sind. Mit einem Assessment-Center wollen Sie herausfinden, wie gut ein Kandidat mit den Aufgaben einer zukünftigen Zielposition zurecht kommt und damit einen Rückschluss auf seine Potenziale machen. Eine Aufgabe, in der die Kandidaten z. B. auf eine „Mondreise" geschickt werden, ist vor diesem Hintergrund weniger sinnvoll. Sie kann zwar ergänzend sein, doch was der Kandidat tut, wenn er und seine Kollegen nur noch wenige Lebensmittel haben, wird nur wenig über die Fähigkeiten aussagen, die er in seinem täglichen Arbeitsumfeld benötigt, um erfolgreich zu sein. Eine Ausnahme bilden hier Bewerber um einen Ausbildungsplatz, da ihnen jegliche betriebliche Erfahrung fehlt und es hier primär um die Beurteilung grundlegender Sozialkompetenzen geht.

Die Beobachtung der Kandidaten im Assessment-Center erfolgt nach Möglichkeit durch unternehmensinterne Entscheidungsträger, die zwei Hierarchieebenen oberhalb der Teilnehmerzielgruppe stehen. Unterstützt werden sie durch Vertreter des Personalbereichs und/oder externe Berater.

Das Assessment-Center gehört zu den am meisten verbreiteten Potenzialanalyseverfahren in Deutschland und wird in vielen Unternehmen sowohl in der Auswahl als auch in der Entwicklung von Mitarbeitern eingesetzt. Sein besonderer Nutzen besteht in den vielfältigen Gestaltungsformen und Kombinationsmöglichkeiten, wodurch es für viele diagnostische Fragestellungen und Zielgruppen geeignet ist. Eine Einschränkung hinsichtlich Unternehmensgröße oder Branche besteht nicht. Dabei variiert die Bezeichnung des Assessment-Centers (z. B. Trainings-, Development-,

Orientierungscenter, Auswahltag) in Abhängigkeit von der konkreten Zielsetzung und Ausgestaltung des Verfahrens.

4.1 Assessment-Center in der Personalauswahl und -entwicklung

Sowohl in der Personalauswahl als auch in der Personalentwicklung wird das Assessment-Center eingesetzt, um eine möglichst hohe Passung zwischen einer Person mit ihren Fähigkeiten, Potenzialen und Motivationen und der Position mit den dazugehörigen Aufgaben, Anforderungen und Zielen zu erreichen. Erst die optimale Passung ermöglicht eine dauerhafte Leistungsmotivation, Commitment zum Unternehmen und zur Tätigkeit und damit einen hohen Mehrwert für das Unternehmen. Damit schafft das Assessment-Center die Basis für richtige Besetzungsentscheidungen und gezielte Qualifizierungsplanungen.

Der Einsatz des Assessment-Centers in der Personalauswahl ist besonders dann sinnvoll, wenn für die zu besetzende Stelle kommunikative und zwischenmenschliche Kompetenzen erfolgskritisch sind. Dies ist der Fall bei allen Positionen mit Kunden- und Lieferantenkontakten, bei allen Führungsaufgaben und bei allen Aufgaben, in deren Fokus der Aspekt der Zusammenarbeit steht, wie z. B. in Projekten. In klassischen Auswahlinterviews kann über diese Kompetenzen (beispielsweise die Qualität der eigenen Gesprächsführung, das Verhalten im Team und die Führung von Mitarbeitern) nur gesprochen werden. Der Interviewer ist darauf angewiesen zu glauben, dass hinter den Worten eine echte Verhaltenskompetenz steht. Das Assessment-Center bietet den entscheidenden Vorteil, dass der Kandidat bei der Anwendung seiner Kompetenzen beobachtet wird, z. B. beim Führen eines Verkaufsgesprächs. Damit können sich die Beobachter ein wesentlich authentischeres und tieferes Bild von den Kompetenz- und Potenzialausprägungen eines Kandidaten machen. Die Konfrontation mit Aufgaben, die der Kandidat in der zukünftigen Position in ähnlicher Form zu bewältigen hat, ermöglicht zudem eine bessere Aussage über den Erfolg des Kandidaten in der zukünftigen Position.

Möchten Sie beispielsweise eine Stelle im Vertrieb besetzen, bietet das Assessment-Center den Rahmen, die Kandidaten mit verschiedenen stellenspezifischen Aufgaben und Anforderungen zu konfrontieren: In einem simulierten Verkaufsgespräch können Kontaktfähigkeit, Gesprächsführung, Abschlussstärke etc. des Kandidaten beurteilt werden. Bei der Simulation eines Beschwerde-Gesprächs können z. B. Kundenorientierung, Überzeugungskraft und Verhandlungsführung beobachtet werden. Im Rahmen einer Produktpräsentation muss der Kandidat u. a. seine Präsentationskompetenz und sein Argumentationsgeschick unter Beweis stellen. Ergänzt werden können diese Aufgaben durch Interviews, in denen die fachlichen Fähigkeiten, z. B. Produktwissen oder betriebswirtschaftliche Kenntnisse, überprüft werden können. Sie erhalten ein sehr umfassendes Bild von den tatsächlichen Verhaltenskompetenzen der Kandidaten und müssen sich nicht nur darauf verlassen, dass die verbal bezeugte Verkaufskompetenz auch wirklich vorliegt.

Im Rahmen der unternehmensinternen Personalentwicklung bietet das Assessment-Center für eine Vielzahl von Fragestellungen einen deutlichen Mehrwert. Hier ist es genauso wichtig wie in Auswahlsituationen, dass sich die Teilnehmer in den Situationssimulationen mit den Anforderungen der Zielposition auseinandersetzen. Dabei kann es auch um die bevorstehende Veränderung der Anforderungen im heutigen Tätigkeitsfeld gehen. Ein Beispiel macht dies deutlich:

> Die Vertriebsmitarbeiter eines Unternehmens bewegten sich eher in einem „Verteilermarkt", die angebotenen Produkte des Unternehmens mussten von den Kundenunternehmen abgenommen werden. Ein wirkliches „Verkaufen" wurde von den Vertriebsmitarbeitern nicht gefordert. Durch Veränderungen in den beteiligten Unternehmen und im Markt war absehbar, dass die Kundenunternehmen zukünftig vermehrt auf Wettbewerbsprodukte zugreifen konnten. Dadurch entwickelte sich der Absatzmarkt des Unternehmens zu einem tatsächlichen Verkäufermarkt. Um die Mitarbeiter rechtzeitig auf die bevorstehenden Veränderungen der Anforderungen vorzubereiten, sollte im Rahmen des Assessment-Centers überprüft werden, inwieweit die Vertriebsmitarbeiter tatsächlich auch über verkäuferische Fähigkeiten verfügten und in welchen Kompetenzfeldern sie qualifiziert werden mussten. Die Aufgabenstellungen im Assessment-Center wurden entsprechend den zukünftigen Anforderungen gestaltet.

Der zentrale Bewertungsfokus liegt im Rahmen der internen Potenzial- und Kompetenzanalyse auf den überfachlichen Kompetenzen und den damit verbundenen individuellen Stärken und Entwicklungsfeldern. Es können selbstverständlich auch fachbezogene Aufgaben in das Assessment integriert werden. Dies bietet sich aber nur für konkrete Zielpositionen an. Im Rahmen von positionsübergreifenden Potenzialanalysen werden keine Fachaufgaben gestellt, da dies zu einer Ungleichbehandlung der Kandidaten aus den verschiedenen Fachbereichen führen würde.

Im Einzelnen können Sie das Assessment-Center einsetzen:

- für die Beurteilung und Analyse des vorhandenen Potenzials für weiterführende Aufgaben,
- für die Analyse individueller Stärken und Entwicklungsfelder,
- zur Ableitung zielgerichteter Personalentwicklungsmaßnahmen,
- zur Analyse des Weiterbildungsbedarfs in der aktuellen oder einer sich verändernden Position,
- zur Bildung eines Potenzialpools,
- im Rahmen der Nachfolge- und Laufbahnplanung,
- für die individuelle Karriereplanung von Führungskräften und
- für die konkrete Nachbesetzung offener Stellen (für interne und externe Kandidaten).

Die Zielgruppen, für die Assessment-Center eingesetzt werden, sind so vielfältig wie die Zielsetzungen und stehen meist in engem Zusammenhang mit diesen. Häufig werden Assessment-Center eingesetzt für die:

- Führungspotenzialanalyse bei internen Nachwuchsführungskräften,
- Führungskompetenzanalyse bei Führungskräften im Rahmen der Karriereentwicklung,
- Auswahl und Entwicklung von Vertriebsmitarbeitern und Mitarbeitern der internen und externen Kundenberatung und -betreuung,
- Auswahl und Entwicklung von Projektmanagern und

■ Auswahl von Trainees, vor allem dann, wenn diese die Rolle von unternehmensweit einsetzbaren Nachwuchskräften oder High Potentials übernehmen sollen.

Durch die Möglichkeit der anforderungsspezifischen Gestaltung des Verfahrens gibt es nur wenige Zielgruppen und Zielsetzungen, für die das Assessment-Center nicht eingesetzt werden kann. Bei Besetzungsfragen oder Kompetenzanalysen für Kandidaten im höheren Management erfolgen Assessment-Center allerdings, wenn überhaupt, als Einzel-Assessment. Vielen Personalverantwortlichen erscheint bei dieser Zielgruppe ein Gruppenverfahren als nicht adäquat. Häufig wird alternativ ein Management Audit durchgeführt. Wir halten solide gestaltete Einzel-Assessments für das oberste Management jedoch auch für geeignet. Wichtig ist eine sehr seriöse Durchführung auf hohem Anforderungsniveau, um die nötige Akzeptanz bei den Kandidaten zu finden. Über die Einschätzung, für welche Zielgruppe und welche Zielsetzung ein Assessment geeignet ist, entscheidet letztlich die Frage: Bietet das Assessment-Center den diagnostischen Rahmen, um die Anforderungen, die mit der Zielposition verbunden sind, zielgerichtet abbilden zu können?

Eine besondere Zielgruppe stellen Auszubildende dar. Bei der Auswahl von Auszubildenden stehen nur wenige biografische und leistungsbezogene Informationen (meist nur das Schulzeugnis) zur Verfügung. Auch Auswahlinterviews bringen oft nicht die gewünschten Erkenntnisse. Nicht selten erzählen die Bewerber wenig bis gar nichts und nur einige haben konkrete Vorstellungen davon, was sie wollen und was im angestrebten Beruf auf sie zukommt. Alternativ zum Interview kann die Durchführung eines Assessment-Centers bessere und umfassendere Informationen über die Ausprägung bestimmter überfachlicher Kompetenzen der Bewerber liefern. Dies sind neben methodischen Kompetenzen, z. B. wie die Bewerber Aufgaben angehen, wie sie ihre Zeit organisieren oder wie das logische Denkvermögen ausgeprägt ist, kommunikative und soziale Kompetenzen. Wichtig bei einem Azubi-Assessment-Center ist, dass die Gestaltung der Aufgaben in hohem Maße zielgruppenspezifisch ist. In diesem Fall heißt das, dass Sie beachten müssen, dass die Bewerber kaum Wissen und Erfahrung zu betrieblichen Aufgaben, Abläufen, Umgangsweisen etc. haben. Vor diesem Hintergrund sollten die Aufgabenstellungen im Assessment-Center die Erfahrungswelt der Bewerber spiegeln und nicht eins zu eins die Anforderungen der Zielposition. Wenn Sie bewerten wollen, wie die Bewerber die Zusammenarbeit mit anderen gestalten, nehmen Sie ein Diskussions- oder Gruppenarbeitsthema aus der Welt der Auszubildenden. Themen finden Sie, indem Sie fragen: „Wofür interessieren sich die Kandidaten gerade? Was ist ‚in'? Was wird diskutiert?" usw. Wenn Sie wissen wollen, wie die Bewerber mit Kunden umgehen, geben Sie ihnen ebenfalls ein Produkt oder Thema aus der ihnen bekannten Welt und lassen Sie sich durch die Bewerber davon überzeugen. Bei dieser Zielgruppe können Sie durchaus auch auf Aufgaben zurückgreifen, die nichts mit dem Zielberuf zu tun haben. Dabei stehen übergreifende Sozialkompetenzen im Vordergrund.

4.2 Von großem Vorteil - Gestaltungsvielfalt von Assessment-Centern

Solange die grundlegenden, am Anfang des Kapitels beschriebenen Regeln der Qualitätssicherung eingehalten werden, können Assessment-Center kreativ ausgestaltet werden. Hinsichtlich der gängigen Gestaltungen des Verfahrens gibt es einige häufig genutzte Formen, die wir nachfolgend kurz beschreiben.

4.2.1 Gestaltung des Assessment-Centers als Gruppen- oder Einzelverfahren

Mit Ausnahme sehr kreativer Assessments, die die Teilnahme mehrerer Personen erfordern (z. B. Assessment als Theaterstück oder als Outdoor-Assessment), können Assessment-Center immer als Einzel- oder Gruppenverfahren durchgeführt werden. Häufiger ist die Durchführung von Gruppenverfahren mit meistens acht bis zwölf Kandidaten (vgl. Obermann, C., Höft, S. & Janke, O., 2008). Nur knapp 15 Prozent aller deutschsprachigen Assessment-Center waren 2008 Einzelverfahren, wenn ihre Verbreitung auch stark zugenommen hat.

Der wesentliche Unterschied zwischen Gruppen- und Einzelverfahren ist, dass im Einzelverfahren keine Gruppenarbeit oder Diskussion erfolgt. Darüber hinaus sind Einzelverfahren meist spontaner durchführbar und erfordern eine geringere organisatorische Begleitung. Aus Sicht der Teilnehmer entstehen während eines Gruppenverfahrens häufig längere Wartezeiten, die, wenn sie nicht zu lang sind, durchaus als angenehm erlebt werden.

Die variable Nutzung eines einmal entwickelten Verfahrens für unterschiedliche Teilnehmerzahlen – also sowohl einzeln als auch als Gruppe durchführbar – ist häufig eine Konzeptionsanforderung von Unternehmen. Wenn Sie nicht auf eine Gruppensituation angewiesen sind, ist die Durchführung mit unterschiedlichen Teilnehmerzahlen eher eine organisatorische Frage und ein Rechenexempel.

Gearbeitet wird mit Beobachterteams, um dem Mehr-Augen-Prinzip Rechnung zu tragen. Die Anzahl der Beobachter und damit der Beobachterteams bestimmt die Gesamtlänge Ihres Verfahrens. Bei zwölf Teilnehmern ist es gut, mit vier Beobachterteams (mind. acht Beobachtern) zu arbeiten. Zum einen verkürzt sich dadurch das Gesamtverfahren, zum anderen – und dieser Aspekt ist genauso wichtig – verkürzen sich die Wartezeiten der Teilnehmer zwischen den einzelnen Aufgabenstellungen. Wenn Sie z. B. nur vier Beobachterteams einsetzen, können auch nur vier Teilnehmer gleichzeitig eine Aufgabe vor den Beobachtern bearbeiten, wenn es sich um eine Einzelübung handelt. Ein Teil der Teilnehmer kann gleichzeitig etwas vorbereiten, ein Teil wird aber immer auch Pause haben. Um diesen Ablauf zu gewährleisten, wird in Gruppenverfahren mit versetzten Zeitplänen gearbeitet. Wichtig ist, dass das Verfahren für alle Beteiligten durchführbar bleibt, d. h., es müssen entsprechend der Teilnehmerzahl genügend Beobachterteams vorhanden sein. Gleichzeitig muss das Mehr-Augen-Prinzip eingehalten werden und trotz des zeiteffektiven Vorgehens brauchen auch die Beobachter Pausen. Um einen reibungslosen Ablauf zu gewährleisten, erhält jeder Teilnehmer und jedes Beobachterteam einen eigenen Zeitplan, in dem die Start- und Endzeiten seiner (zu beobachtenden) Aufgaben, seiner Vorbereitungszeit (bei Teilnehmern) und Raumhinweise vermerkt sind.

Als Einzelverfahren durchgeführt, in dem ein Kandidat von einem Beobachterteam beurteilt wird, wird das Assessment-Center vor allem für Besetzungsentscheidungen höherer Positionen oder für Potenzialanalysen von Managern eingesetzt. Hiermit wird gleichzeitig dem Aspekt der Vertraulichkeit Rechnung getragen. Der organisatorische Aufwand eines Einzelverfahrens ist verständlicherweise geringer. Es entsteht weniger Material-, Koordinations-, Organisations- und Raumbedarf. Sie benötigen darüber hinaus auch weniger personelle Ressourcen für die Durchführung eines Einzel-Assessments. Relativ leicht können von einem Beobachterteam zwei Einzel-Assessments parallel begleitet werden. Eine organisatorische Begleitung kann genutzt werden, ist aber nicht unbedingt notwendig. Auch hier werden Zeitpläne erstellt, die für einen reibungslosen Ablauf sorgen. Für die Teilnehmer wird der Zeitaufwand geringer, was die Akzeptanz des Verfahrens auf den höheren Managementebenen erhöht.

4.2.2 Klassischer Assessment-Center-Ansatz

Im klassischen Assessment-Center-Ansatz steht die konsequente Umsetzung der in der Anforderungsanalyse ermittelten Kompetenzkriterien in den Simulationen im Vordergrund. Jede Situationssimulation wird danach ausgewählt, dass im Gesamtsetting alle Anforderungsmerkmale in optimalem Umfang erfasst werden. Inhaltlich sollten, wie bereits erwähnt, die einzelnen Simulationen reale Themen und Aufgabenstellungen der Zielposition spiegeln. Diese können sich auf das eigene Unternehmen oder ein simuliertes, fachfremdes oder branchenfremdes Unternehmen beziehen. Die Wahl eines anderen Unternehmenssettings hat den Vorteil, dass für alle Teilnehmer die gleichen Voraussetzungen bestehen und keiner auf mehr oder weniger vorhandene Unternehmenskenntnisse zurückgreifen kann. Im klassischen Assessment-Center-Ansatz besteht kein Anspruch auf einen Gesamtzusammenhang der einzelnen Simulationen untereinander. Jede Simulation stellt eine in sich geschlossene Situation dar. Der Konzeptionsaufwand wird dadurch geringer. Andererseits bewirkt bzw. verstärkt die einfache Aneinanderreihung von Aufgaben, die nichts miteinander zu tun haben, bei den Teilnehmern das Gefühl der „Künstlichkeit" der Situationen, was sich negativ auf die Authentizität des Verhaltens auswirken kann.

4.2.3 Teildynamische Assessment-Center

Die Konzeption der Potenzialanalyse als teildynamisiertes Assessment-Center unterscheidet sich vom klassischen Ansatz dahingehend, dass alle Simulationen in einem direkten inhaltlichen Zusammenhang zueinander stehen und Teil einer „Gesamtgeschichte" sind. Informationen und Personen aus der ersten Situationssimulation sind auch in nachfolgenden Situationen von Bedeutung und Teil der ganzheitlichen Situationsbeschreibung. Hierdurch verlieren die Situationen und das Gesamtverfahren deutlich an Künstlichkeit und sind sowohl für die Teilnehmer als auch für die Beobachter interessanter und aufregender. Den Teilnehmern wird ein konsistentes Handeln in einem sinnvollen und einheitlichen Rahmen ermöglicht. Denkbar ist beispielsweise, dass die Teilnehmer im gesamten Verfahren die Rollen von Mitgliedern einer Projektgruppe einnehmen. Der Gewinn einer besseren Akzeptanz ist jedoch mit einem erhöhten konzeptionellen Aufwand verbunden. Die Konzeptionsarbeit sollte hier immer mit dem Rahmenszenario beginnen, aus dem die verschiedenen als notwendig definierten Aufgabenstellungen abgeleitet werden. So erreichen Sie eine hohe inhaltliche Konsistenz. Das Rahmenszenario beschreibt das Unternehmen und einen übergeordneten Handlungsrahmen, in dem sich die Teilnehmer bewegen, z. B. ein bestimmtes Projekt. Auch hierbei können Sie entscheiden, ob Sie in der gleichen Branche bleiben oder, um Wissensvorteile zu vermeiden, in eine andere Branche wechseln. Möglich ist dieser Wechsel, solange im Assessment die überfachlichen Kompetenzen bewertet werden. Wollen Sie auch Aufgaben zur Bewertung der Fachkompetenzen integrieren, sollten Sie zumindest die gleiche Branche als Handlungsrahmen wählen. Gleiches gilt für das dynamische Assessment-Center.

4.2.4 Die Potenzialanalyse als dynamisches Assessment-Center

Stärker als im teildynamischen Assessment-Center sind hier alle Situationssimulationen in ein einheitliches Rahmenszenario eingebunden, so dass sämtliche Einzelsituationen vom Teilnehmer in einem Gesamtkontext wahrgenommen werden. Als thematischer Rahmen bietet sich auch hier ein gemeinsames Projekt oder das Handeln in einem einheitlichen Unternehmenskontext an. Noch stärker als beim teildynamischen Assessment-Center wird ein Agieren im Gesamtkontext von den Teilnehmern gefordert. Das bedeutet, Inhalte und Informationen der einzelnen Simulationen bauen aufeinander auf und müssen von den Teilnehmern in ihrem Handeln immer wieder neu berücksichtigt werden. Diese Gestaltungsform des Assessment-Centers erlaubt es, Situationen und Informationen erneut aufzugreifen und dabei zwischenzeitliche Veränderungen oder Weiterentwicklungen der Rahmensituation zu integrieren. Insbesondere die Fähigkeit der Teilnehmer zu übergreifendem und vernetztem Denken, aber auch ihre Lernfähigkeit, bekommen damit einen eigenen Beobachtungsschwerpunkt. Teilnehmer müssen z. B. zur Bearbeitung einer Aufgabe Informationen aus zurückliegenden Situationen beachten, Vernetzungen zwischen Personen oder Abhängigkeiten zwischen Ereignissen erkennen, um richtige Lösungen erarbeiten zu können. Konzeptionell stellt diese Verfahrensgestaltung die höchsten Ansprüche, um alle Aspekte logisch und sinnvoll miteinander in Beziehung zu setzen. Aufgrund der Dynamik dieser Gestaltungsform kommt auch der Erfahrung und der Kompetenz der Beobachter eine besondere Bedeutung zu. Die Schulung der Beobachter sollte dem Rechnung tragen.

4.2.5 Diagnostik und Lernen im Assessment-Center verbinden

Gerade im Rahmen von Assessments für positionsübergreifende Potenzialanalysen und in der Nachwuchskräfteentwicklung legen viele Unternehmen Wert darauf, dass das Verfahren nicht nur Diagnostik für das Untenehmen ermöglicht, sondern für die Teilnehmer einen möglichst hohen Lerngewinn bietet. Das Lernen bezieht sich zum einen auf die angestoßene Selbstreflexion, zum anderen auf die Möglichkeit, nach einer Rückmeldung ein verändertes Verhalten auszuprobieren. Folgende Möglichkeiten bieten sich im Rahmen eines Assessment-Centers an:

1. Die Teilnehmer erhalten nicht erst am Ende des Gesamtverfahrens ein Feedback, sondern schon am Ende des ersten Tages oder nach jeder Aufgabe. Hier kann dann auch mit ihnen besprochen werden, wie sie Verhalten weiter ausbauen und optimieren können.

2. Werden im Assessment-Center Aufgaben ähnlicher Art wiederholt, können die Teilnehmer nach einem vorherigen Feedback ein verändertes Verhalten ausprobieren und damit neue Lernerfahrungen sammeln.

3. Zur Unterstützung der Selbstreflexion kann ein Kollegenfeedback integriert werden (vgl. Abschnitt 5.1.4).

4. Lernen und Selbstreflexion können dadurch unterstützt werden, dass für die Teilnehmer alle von ihnen gestalteten Situationen auf Video

aufgezeichnet werden. Die Auswertung der Aufzeichnungen kann in Pausen, am Abend oder auch im Anschluss an das Verfahren erfolgen. Optimalerweise wird der Kandidat dabei begleitet (vgl. Abschnitt 5.1.4).

4.3   Situationssimulationen im Assessment-Center

Ein Assessment-Center setzt sich immer aus unterschiedlichen Bausteinen zusammen, deren konkrete Auswahl entsprechend den definierten Anforderungskriterien und dem gewählten Gesamtrahmen erfolgt. Grundsätzlich können alle im Rahmen der Zielsetzung sinnvoll erscheinenden Bausteine in das Verfahren integriert werden. Laut dem Arbeitskreis AC e.V. müssen mindestens drei verhaltensorientierte Simulationstypen verwendet werden, damit ein Verfahren als Assessment-Center bezeichnet werden kann und ein Mindestmaß an differenzierten Beobachtungen möglich wird.

Leitfragen bei der Auswahl geeigneter Bausteine sind:

1. Welche Aufgaben brauche ich, um die im Anforderungsprofil festgelegten Kompetenzen/Potenziale beobachten zu können?

2. Wie muss eine Aufgabe gestaltet sein, um das entsprechende Verhalten beobachtbar zu machen?

    Haben Sie Ihr Anforderungsprofil mit der Drei-Schritt-Anforderungsanalyse (vgl. Abschnitt 3.1.3) erstellt, liefern Ihnen die in Schritt 2 definierten Aufgaben der Position genaue Hinweise darauf, welche Aufgaben/Situationssimulationen Sie im Assessment-Center integrieren und in welcher Art und Weise Sie diese gestalten sollten, damit eine möglichst hohe Übereinstimmung zu realen Anforderungen erreicht wird. Dieser Aspekt gewinnt vor allem bei der unternehmensinternen Konzeption (vgl. Abschnitt 4.3.9) an Bedeutung.

3. Welche Kompetenzen/Potenziale kann ich in der jeweiligen Aufgabe besonders gut beobachten?

    Jede Anforderungsdimension sollte in mindestens zwei Aufgaben beobachtet werden. Pro Aufgabe sollten aus Gründen der Handhabbarkeit für die Beobachter maximal drei bis vier Kompetenzen bewertet werden. Die Anzahl der zu bewertenden Dimensionen bestimmt damit auch die Anzahl der Aufgabenstellungen und damit den Umfang des Verfahrens.

Nachfolgend erläutern wir Ihnen verschiedene Bausteine für Assessment-Center mit einem Auszug der Kompetenzbereiche, die in den jeweiligen Aufgaben erfahrungsgemäß gut bewertet werden können.

4.3.1 Fallstudien und Postkorbsimulationen

Die Fallstudie fordert vom Teilnehmer eine genaue Analyse meist umfangreicher oder komplexer Informationen bzw. einer beschriebenen Situation hinsichtlich einer spezifischen Fragestellung. Je nach Gestaltung der Fallstudie muss der Teilnehmer eine Entscheidung treffen oder Lösungsalternativen entwickeln. Die dafür notwendigen Informationen findet er in schriftlichen Informationsmaterialien, die bei teildynamischen/dynamischen Assessments auch oft die Grundlage für weitere Aufgaben bilden. Die zu analysierenden Daten umfassen z. B. allgemeine Unternehmensinformationen, betriebswirtschaftliche Kennzahlen zum Unternehmen oder zum Markt sowie Produkt- und Kundeninformationen.

In Postkorbsimulationen sind die Teilnehmer ebenfalls gefordert, sehr komplexe schriftliche Materialien hinsichtlich der gegebenen Handlungsnotwendigkeit und effizienter Handlungsschritte zu analysieren, zu bewerten sowie Lösungen aufzuzeigen. Das Material wird den Teilnehmern als eine Sammlung von Schriftstücken, Telefonnotizen, E-Mails etc. gegeben, die sich während einer längeren Abwesenheit auf ihrem Schreibtisch angesammelt haben. Zu jedem Schriftstück muss der Teilnehmer entscheiden, was er tut. Prioritäten, Abhängigkeiten und Vernetzungen müssen erkannt und beachtet werden. Im Rahmen eines teildynamischen/dynamischen Assessments können den Teilnehmern z. B. Schriftstücke, die im Zusammenhang mit anderen Aufgabenstellungen stehen, gegeben werden. Die Informationen werden dann in nachfolgenden Situationen wieder aufgegriffen.

Folgende Kompetenzen können u. a. beobachtet werden:

- analytisches Denken,
- vernetztes Denken, Denken in Gesamtzusammenhängen,
- Problemlösungsqualität,
- Innovationskraft,
- unternehmerisches Denken,
- Handlungsorientierung und
- Entscheidungsfähigkeit.

4.3.2 Präsentation/Vortrag

Für Präsentationen bieten sich die unterschiedlichsten Themen- und Aufgabenstellungen an. Es können Datenanalysen, Problemlösungs- und Handlungspläne, aber auch Projektpläne Gegenstand der Präsentation sein. Ebenso können die Ergebnisse der Fallstudie präsentiert werden. Auch Selbstvorstellungen oder Produktpräsentationen sind möglich. Die Rolle der Beobachter kann vom stillen Zuhörer bis zum kritischen Diskussionspartner variieren.

Folgende Kompetenzen können u. a. beobachtet werden:

- Arbeitsorganisation,
- Analysefähigkeit,
- Ergebnisorientierung,
- Problemlöseverhalten,
- Überzeugungskraft,
- Argumentations- und Kommunikationsfähigkeit,
- persönliches Auftreten, Selbstdarstellung,
- ggf. Kundenorientierung und
- ggf. unternehmerisches Denken.

4.3.3 Gesprächssituation

In Abhängigkeit von der Anforderungsanalyse sind folgende Situationen denkbar: simulierte Mitarbeiter- und Kollegengespräche, Gespräche mit dem eigenen Vorgesetzten, mit internen Kunden, eine Verhandlung oder ein Gespräch in der Rolle eines Projektleiters mit einem fachlich zugeordneten Mitarbeiter, Verkaufs- und andere Kundengespräche.

Jede Situation erfordert vom Teilnehmer hinsichtlich Zielsetzung und Zielerreichung eine andere Vorgehensweise und Gesprächsstrategie. Im teildynamischen/dynamischen Assessment-Center bietet sich die Möglichkeit, Nachfolgegespräche unter Beachtung bisheriger Entwicklungen in das Gesamtszenario zu integrieren.

Folgende Kompetenzen können u. a. beobachtet werden:

- zwischenmenschliche Kompetenzen,
- kommunikative Fähigkeiten,
- Konfliktlösekompetenz,
- Überzeugungskraft, Argumentationsfähigkeit,
- Durchsetzungskompetenz,
- Führungskompetenz,
- Verkaufskompetenz und
- Kundenorientierung.

4.3.4 Gruppenübung/-diskussion

Bei Gruppensituationen können unterschiedliche Aufgabenschwerpunkte gesetzt werden, z. B. die reine Problemdefinition, Lösungssuche oder Entscheidungsfindung. Möglich ist auch die konkrete Bearbeitung eines Arbeitsauftrags. Bei Diskussionen kann ein Thema vorgegeben werden. Präsentationen können z. T. in Gruppensituationen integriert werden.

Folgende Kompetenzen können u. a. beobachtet werden:

- Kontakt- und Kooperationsfähigkeit,
- kommunikative Fähigkeiten,

- Konfliktlösekompetenz,
- Überzeugungskraft, Argumentationsfähigkeit,
- Durchsetzungskompetenz,
- Führungskompetenz und
- Verhandlungskompetenz.

4.3.5 Interview

Interviews bieten die Möglichkeit, Dimensionen zu erfassen, die in den verhaltensorientierten Situationssimulationen nur schwer zu beobachten sind. Persönliche Ziele, persönliche Motivation, berufliche Erwartungen und Werthaltungen können hinterfragt werden. Ein teilstrukturierter Interviewleitfaden mit exemplarischen Fragen gewährleistet das gezielte Hinterfragen der gewünschten Aspekte und sorgt für eine weitgehende Standardisierung der Interviewsituation.

Als individuelle Kennenlernphase zu Beginn eines Assessment-Centers genutzt, kann es auf die Teilnehmer stressreduzierend wirken. Wie bei klassischen Auswahlinterviews bestehen Variationsmöglichkeiten (Tiefeninterview, biografisches Interview, strukturiert, frei etc.).

Folgende Informationen können u. a. gewonnen werden:

- Biografie des Teilnehmers/Lebenslauf,
- Werte/Motive,
- Einstellungen und Meinungen,
- Fachkompetenz,
- kommunikative Kompetenzen und
- weitere Kompetenzen nur anhand der verbalen Aussagen der Teilnehmer.

4.3.6 Selbstbeschreibungsfragebögen/Persönlichkeitstests

Als weitere Informationsquelle im Gesamtprozess kann den Teilnehmern ein Selbstbeschreibungsfragebogen mit berufsrelevanten Persönlichkeitskompetenzen zur Bearbeitung gegeben werden. Dieser ermöglicht, neben dem im Beobachtungsprozess gewonnenen Fremdbild, das Selbstbild der Teilnehmer zu erfassen und beide einander gegenüberzustellen. Mit Persönlichkeitsfragebögen werden stabile Persönlichkeitseigenschaften und Motivationen erfasst. Kapitel 7 beschäftigt sich ausführlich mit dem Mehrwert von Persönlichkeitstests.

4.3.7 Testverfahren

Bei der Auswahl von Azubis kann das Assessment-Center um den Einsatz von Testverfahren ergänzt werden. Zum Einsatz kommen hier Intelligenztests, Tests zur Erfassung spezifischer Fähigkeiten (z. B. der d2 zur Erfassung der Konzentrationsfähigkeit) oder Tests, mit denen berufsbezogene Fertigkeiten erfasst werden (etwa die Drahtbiege-Probe). Mit diesen Tests können allgemeine sowie spezifische Leistungsvoraussetzungen erhoben werden. Die Anwendung von Intelligenztests ist z. T. bei Hochschulabsolventen noch angebracht. Für andere Zielgruppen sind sie vor dem Hintergrund von Akzeptanzproblemen nicht zu empfehlen.

Folgende Kompetenzen können beobachtet werden:

- kognitive Kompetenzen und
- fachspezifische Kompetenzen.

4.3.8 Computer-Planspiele/Unternehmenssimulationen

In Unternehmenssimulationen oder Planspielen wird ein Unternehmen mit den wichtigen Strukturen, Aufgaben und Abläufen abgebildet. Der Teilnehmer übernimmt innerhalb des Planspiels bestimmte Managementpositionen und muss, ähnlich wie bei der Fallstudie, Informationen analysieren, Strategien entwickeln und Entscheidungen treffen. Das Planspiel ist interaktiv gestaltet, d. h., der Teilnehmer erlebt verändernde Situationseinflüsse und bekommt Feedback zu den getroffenen Maßnahmen. Das Planspiel kann sowohl einzeln als auch als Gruppe durchgeführt werden und auf einem Computer simuliert oder auf einem dreidimensionalen Spielplan gespielt werden. Computer-Planspiele können auch begleitend im Verfahren eingesetzt werden, z. B. durchlaufen die Teilnehmer dann während längerer Wartezeiten jeweils eine Spielrunde.

Folgende Kompetenzen können u. a. beobachtet werden:

- analytisches Denken,
- vernetztes Denken, Denken in Gesamtzusammenhängen,
- Problemlösungsqualität,
- Innovationskraft,
- unternehmerisches Denken,
- Handlungsorientierung,
- Entscheidungsfähigkeit und
- ggf. zwischenmenschliche Kompetenzen, wenn in Teams gespielt wird.

4.3.9 Unternehmensspezifische Konstruktion der Simulationen

Die Aussagekraft der Ergebnisse des Assessment-Centers ist, wie bereits erläutert, in hohem Maße davon abhängig, dass die verwendeten Aufgaben die Anforderungen der zukünftigen Position widerspiegeln. Dies gelingt vor allem dann, wenn eine unternehmensspezifische Konstruktion der Aufgaben erfolgt. So kann das unternehmerische Umfeld berücksichtigt werden, indem die Übungen praxisnah an den realen Gegebenheiten ansetzen (z. B. spiegelt das Rahmenszenario die Branche des Unternehmens) und spezifische Herausforderungen der Position, die bereits in der Anforderungsanalyse deutlich wurden, in den Aufgaben abgebildet werden (z. B. ein Kundenakquisegespräch bei hartem Wettbewerb).

Aufgabenstellungen wie Rollenspielszenarien, Gruppenübungen und Präsentationen können Sie mit geringem Aufwand selbst konstruieren. Gehen Sie hierfür folgendermaßen vor:

1. Auf Grundlage des Anforderungsprofils definieren Sie die Aufgaben, die in der Zielposition übernommen werden müssen und die Sie in das Assessment integrieren wollen.

2. Stellen Sie die zu beobachtenden Kompetenzen den Aufgabenstellungen gegenüber.

3. Überprüfen Sie, welche Kompetenzen Sie in welcher Aufgabe gut beobachten und bewerten können und treffen Sie eine entsprechende Zuordnung.

4. Überprüfen Sie die ausgewählte Anzahl der Kompetenzen pro Aufgabe und ob jede Kompetenz in mindestens zwei Aufgaben beobachtet werden kann.

5. Ausgehend von den in der Anforderungsanalyse beschriebenen Aufgaben definieren Sie, was die Kernaufgabe der Teilnehmer in der Übung sein soll (z. B. Kundenakquise in der Gesprächssimulation oder andere in der Gruppendiskussion von der eigenen Idee überzeugen).

6. Verfassen Sie eine Instruktion für den Teilnehmer, in der neben der klaren Aufgabenstellung (z. B. „Überzeugen Sie die anderen von Ihrer Idee!") auch das Rahmenszenario, in dem das Gespräch oder die Diskussion stattfindet, beschrieben wird. Liefern Sie in dieser Instruktion Informationen zum Gesprächspartner, zum Thema der Diskussion oder der Präsentation. Argumente können Sie sowohl in den Text integrieren als auch durch den Teilnehmer selbst finden lassen.

7. Prüfen Sie, ob alle von Ihnen gewünschten Kompetenzen mit der jetzigen Gestaltung der Aufgabe mit hoher Wahrscheinlichkeit sichtbar werden. So kann z. B. die Kompetenz Konfliktfähigkeit nur beobachtet werden, wenn in der Instruktion ein Konflikt beschrieben wird bzw. verschiedene Teilnehmer unterschiedliche Ansichten vertreten sollen. Falls nicht, prüfen Sie, ob Sie die Instruktion erweitern können, ohne dass die Situation künstlich oder nicht mehr durchführbar wird. Andernfalls streichen Sie lieber eine der zu beobachtenden Kompetenzen in dieser Aufgabe und integrieren Sie eine weitere Aufgabe. Beschränken Sie sich lieber auf wenige Kompetenzen, die Sie sehr gut beobachten können, als dass zu viele schwer beobachtbare Kompetenzen in einer Aufgabe bewertet werden sollen.

8. Bei Rollenspielen und Gruppendiskussionen müssen für die verschiedenen Parteien unterschiedliche Instruktionen erstellt werden. Alle Parteien benötigen die gleichen Rahmeninformationen. Trotzdem können unterschiedliche Informationen zu einer kritischen Situation oder einem Thema gegeben werden. Gegensätzliche Vorstellungen, die jeweils durchgesetzt werden sollen, ergeben zwangsläufig kontro-

versere Auseinandersetzungen als eine Instruktion mit einem grundsätzlich gleichen Ziel.

Wenn Sie z. B. ein Rollenspiel mit dem Thema „kritisches Kundengespräch" durchführen wollen, kann der Teilnehmer die Instruktion erhalten, mit der Beschwerde des Kunden sachlich umzugehen und Lösungen vorzuschlagen, um diesen Kunden nicht zu verlieren. Gleichzeitig ist sein Ziel, dem Kunden keine monetären Zugeständnisse zu machen, da die Ursache der Beschwerde nicht unbedingt bei dem Unternehmen zu suchen ist. Der Kunde wiederum kann die Anweisung bekommen, seine Beschwerde emotional vorzubringen und sich nicht leicht beruhigen zu lassen. Stattdessen setzt er den Kandidaten mit der Drohung, jederzeit den Anbieter wechseln zu können, unter Druck. Sein Ziel ist, eine monetäre Entschädigung zu erhalten sowie eine deutliche Entschuldigung des Kandidaten im Namen des Unternehmens.

9. Lassen Sie die fertigen Aufgabeninstruktionen durch eine nicht in die Planung involvierte Person auf Verständlichkeit prüfen und von ihr mit eigenen Worten wiedergeben, welche Handlungsaufforderung sie verstanden hat.

10. Erstellen Sie eine Instruktion für die Beobachter, die die wichtigsten Informationen zu der Aufgabe und eventuell auch Lösungen beinhaltet.

Fallstudien, Postkorbsimulationen und Planspiele sind aufgrund ihrer Komplexität aufwendiger in der Konstruktion. Wollen Sie z. B. unternehmens-, produkt-, oder marktbezogene Daten aufnehmen, sollten sie sich fachbezogene Unterstützung holen, um die Richtigkeit der Informationen abzusichern. Grundsätzlich folgt das Vorgehen bei der Konstruktion den oben beschriebenen Schritten. In Abschnitt 4.5 finden Sie ein Beispiel, wie wir eine kundenbezogenen Fallstudie konstruiert haben. Für die Gestaltung einer Postkorbsimulation, oder auch für eine komplexe Fallstudie oder ein Planspiel kann es für Sie zeit- und ressourcenschonender sein, bei der Konzeption mit einem externen Spezialisten zusammenzuarbeiten.

Bei der Verwendung von Selbstbeschreibungsfragebögen und Testverfahren ist unbedingt auf die statistische Güte des Verfahrens zu achten, die dann gegeben ist, wenn das Verfahren wissenschaftlich entwickelt wurde.

4.4 Organisatorische Begleitung eines Assessment-Centers

Nach der konzeptionellen Erarbeitung des Assessment-Centers, der Schulung der Beobachter und der Vorauswahl der Teilnehmer (vgl. Kapitel 2) muss die praktische Durchführung des Verfahrens organisiert werden. Hierzu gehören:

- Klärung der Moderatoren- und Backoffice-Aufgaben (organisatorische Begleitung des Verfahrens),
- Auswahl und Briefing von Rollenspielern,
- Erstellen der Zeitpläne,
- Erstellen der Teilnehmerunterlagen,
- Erstellen der Beobachterunterlagen, z. B. Informationsmaterial, Beobachtungsbögen, Anleitungen, Lösungsskizzen etc.,
- Organisation der Räume, der Verpflegung und der Unterbringung und
- Bereitstellung des sonstigen benötigten Materials, z. B. Blöcke, Stifte, Flipchart, Beamer, Laptops etc.

Rein organisatorisch stellt die Zeitplanung zumeist die größte administrative Herausforderung bei der Durchführung eines Gruppen-Assessment-Centers dar. Zum einen soll die vorhandene Zeit so effektiv wie möglich genutzt werden, weshalb die Teilnehmer in der Regel parallel unterschiedliche Aufgaben durchführen. Zum anderen müssen die Zeitpläne der Teilnehmer mit den knappen zeitlichen Ressourcen der Beobachterteams abgeglichen werden, damit diese jeden Kandidaten mindestens einmal sehen. Dazu kommt die zusätzliche Zeit, die durch Vorbereitung, Beobachterbesprechungen, Pausen, Beobachterkonferenz und Teilnehmerfeedback benötigt wird. Auch eine mögliche „Muss-Reihenfolge" der Aufgaben gilt es zu berücksichtigen. Insbesondere bei der teildynamischen Durchführung bauen die Übungen inhaltlich aufeinander auf oder die Ergebnisse der einen Aufgabe sind Grundlage für die Durchführung einer anderen Aufgabe.

Aus unserer Erfahrung sollte der erste Schritt darin bestehen, eine Analyse der Beobachtungszeit vorzunehmen, also der Zeit, die für die Durchführung einer Aufgabe benötigt wird. Bei einer Gruppe von zwölf Teilnehmern, die von drei Beobachterteams in drei Einzelübungen und einer Gruppensituation beurteilt werden, ergibt sich bei paralleler Anordnung ein Zeitbedarf von insgesamt zehn Stunden:

- Gruppensituation: 2 Stunden
- Gesprächssimulation (45 Min.) x 4: 3 Stunden
- Interview (30 Min.) x 4: 2 Stunden
- Postkorb-Fallstudie (45 Min.) x 4: 3 Stunden

Kalkuliert werden müssen zusätzlich:

- Teilnehmereinführung (plus 1 Stunde)
- Vorbereitungszeiten (zwischen 10 und 45 Minuten)
- Nachbereitungszeiten der Beobachter (je Aufgabe zwischen 10 und 30 Minuten)
- Beobachterkonferenz (je nach Teilnehmerzahl zwischen 2 und 3 Stunden)
- Rückmeldegespräche (je nach Teilnehmer- und Beobachterzahl zwischen 1 und 3 Stunden)
- Pausen

Auch bei nur vier Aufgaben ergibt sich so, abhängig von der Beobachterzahl, schnell ein zweitägiges Verfahren.

Für die Erstellung der Zeitpläne für die Beobachter und die Teilnehmer gilt es, folgende Regeln zu beachten:

1. Jeder Teilnehmer wird von allen Beobachterteams beurteilt, idealerweise sowohl in einer methodisch-analytisch orientierten Aufgabe als auch in einer kommunikativ-zwischenmenschlich ausgerichteten Aufgabe.

2. Zeiten, in denen die Beobachter beurteilen oder in der Auswertung sind, können für die Vorbereitung oder Pause der Teilnehmer eingeplant werden.
3. Zwischen Vorbereitung einer Übung und Durchführung sollte keine Pause für den Teilnehmer sein.
4. Leerlaufzeiten für die Teilnehmer sollten möglichst gering gehalten werden. Im Zweifel ist es besser, eine schriftlich zu bearbeitende Aufgabe zu vergeben (z. B. eine kurze Fallstudie), als einen Teilnehmer eineinhalb Stunden lang nicht zu beschäftigen.

Abbildung 4.1 zeigt einen beispielhaften Zeitplanausschnitt.

Abbildung 4.1: Ausschnitt aus einem Zeitplan für ein Assessment-Center

Parallele AC-Durchführung mit zwei Teilnehmern und einem Beobachterteam

Zeit	Beobachterteam 1 (A + B)	Teilnehmer 1 TN1	Teilnehmer 2 TN2
08.00 - 08.20	Begrüßung/Einführung Raum 2	Begrüßung/Einführung Raum 2	Begrüßung/Einführung Raum 2
	Unterlagen Fallstudie an Teilnehmer 1		
08.20 - 08.30	Interview TN 2 Raum 2	Vorbereitung Fallstudie Raum 2	Interview Raum 2
08.30 - 08.40			
08.40 - 08.50			
08.50 - 09.00			
09.00 - 09.10			
09.10 - 09.20			
09.20 - 09.30	Nachbesprechung TN 2		
09.30 - 09.35	Zeitpuffer		
09.35 - 09.45	Präsentation & Diskussion Fallstudie TN 1 Raum 2	Präsentation & Diskussion Fallstudie Raum 2	Pause von 09.20 - 10.20
09.45 - 09.55			
09.55 - 10.05			
10.05 - 10.15	Nachbesprechung TN 1	Pause	

Die Parallelität der Durchführung mit verschiedenen Beobachterteams, Räumen und Teilnehmern macht einen zentralen Ansprechpartner für alle Beteiligten notwendig: den Moderator des Assessment-Centers. Wir verstehen den Moderator als eine das Verfahren begleitende Person, die allerdings nicht in die Beobachtung und Beurteilung der Teilnehmer eingebunden ist. Sie hat u. a. dafür Sorge zu tragen, das alle Teilnehmer zur richtigen Zeit am richtigen Ort sind. Darüber hinaus übernimmt sie die Begrüßung der Teilnehmer, ist Ansprechpartner für deren Fragen, leitet deren Vorbereitungen an und verteilt das notwendige Material, wertet ggf. schriftliche Aufgaben aus und bereitet die Ergebnisse auf. Diese sogenannten Back-office-Aufgaben können bei größeren Teilnehmergruppen auch durch eine zusätzliche Assistenz erledigt werden. Der Einsatz eines Moderators entlastet die Beobachter, die sich so voll und ganz auf ihre Beobachtungsaufgabe konzentrieren können.

Die professionelle Organisation durch einen Moderator hat auch einen weiteren Vorteil: Vor dem Hintergrund dessen, dass AC-Verfahren auch immer als Personalmarketingmaßnahme zu verstehen sind, kommen der guten Behandlung der Teilnehmer, der professionellen Durchführung und einer guten Organisation des Umfelds eine besondere Bedeutung für ein erfolgreiches Talentmanagement zu.

4.5 Praxisbeispiel: Unternehmensbeispiele für eine zielgruppen- und anforderungsspezifische Assessment-Center-Konstruktion

4.5.1 Konzeption eines Assessment-Centers zur Auswahl von Teilnehmern an einem High-Potential-Förderungsprogramm

Für die Auswahl der Teilnehmer an einem High-Potential-Förderungsprogramm nutzte das international agierende Unternehmen der Energiebranche bereits seit einigen Jahren ein Assessment-Center. Ziel des Programms war die Vorbereitung der High Potentials auf die Übernahme erfolgskritischer und anspruchsvoller Aufgaben im Unternehmen, teilweise in Verbindung mit einer Führungsverantwortung. Auf Basis der Analyse von Bewerbungsunterlagen sowie eines Erstinterviews mit Vertretern der Personalabteilung erfolgte die Einladung ausgewählter Bewerber zum Verfahren. Das Assessment-Center umfasste insgesamt fünf Bausteine: die Präsentation eines im Vorfeld vorbereiteten Themas, eine Fallstudie, eine Gruppendiskussion, ein Mitarbeitergespräch sowie ein Abschlussinterview mit Vertretern der Fachbereiche und der Personalabteilung.

Eine Überarbeitung des Verfahrens schien dem Unternehmen vor dem Hintergrund folgender Erfahrungen sinnvoll:

- Das Assessment-Center war hinsichtlich der Anzahl der benötigten Beobachter und der für das Zustandekommen eines Durchführungstermins notwendigen großen Teilnehmerzahl sehr unflexibel und nicht spontan durchführbar.

- Die dadurch entstehenden Wartezeiten für Teilnehmer bis zur nächsten Durchführung waren zu lang, was zur Absage einiger Teilnehmer führte.

- Die Übereinstimmung zwischen dem Eindruck von den Teilnehmern im Vorabinterview und der Einschätzung im Assessment-Center war zu gering.

Ziel des Unternehmens war die Konzeption eines zeitlich, örtlich und in Bezug auf die Anzahl der Teilnehmer flexiblen Auswahltools, das die zeitlichen Ressourcen aller daran beteiligten Personen schonen sollte. Grundlage der Beurteilung sollte das vor kurzem etablierte Kompetenzmodell des Unternehmens sein. Nach einem ersten Gespräch mit den Entscheidern der Personalabteilung ergaben sich folgende weitere Anforderungen für die Gestaltung des Assessment-Centers:

- Die maximale Dauer des Verfahrens wurde auf einen Tag begrenzt, das Verfahren sollte flexibel mit ein oder zwei Beobachterteams und ein bis vier Teilnehmern durchführbar sein.

- Auf Basis des Kompetenzmodells sollte ein Interviewleitfaden für die Vorauswahl der Teilnehmer sowie ein weiterer für ein Interview im Assessment-Center entwickelt werden.

- Entsprechend den Anforderungen aus dem Kompetenzmodell sowie den Präferenzen des Unternehmens wurden folgende AC-Bausteine für ein teildynamisches Assessment-Center ausgewählt:
  - Fallstudie mit anschließender
  - Präsentation und Diskussion der Ergebnisse,
  - Gesprächssimulation und
  - Interview.

Abbildung 4.2 gibt eine Übersicht über die Anforderungsdimensionen des Kompetenzprofils und die damit zusammenhängenden Kompetenzdimensionen.

Abbildung 4.2: Anforderungsdimensionen des Kompetenzprofils

Kompetenzen und dazugehörige Kompetenzdimensionen

Unternehmerische Kompetenz	Veränderungskompetenz
· Unternehmensweite Kooperation	· Veränderungsbereitschaft
· Optimierungsorientierung	· Initiative zur Veränderung
· Marktorientierung	

Persönliche Kompetenz	Soziale Kompetenz
· Verlässlichkeit	· Beziehungsgestaltung
· Interkulturelles Handeln	· Empathie
· Entwicklungsorientierung	

In einem gemeinsamen Workshop mit Entscheidungsträgern des Unternehmens wurden für das Kompetenzmodell Verhaltensanker erarbeitet und unter Verwendung einer fünfstufigen Skala ein Beobachtungsbogen entwickelt (vgl. **Abbildung 4.3**). Als Soll-Wert wurde der Wert 3 definiert, den ein Bewerber insgesamt mindestens im Gesamtverfahren erreichen musste, um als Potenzialträger ausgewählt zu werden.

Ausgehend von den Verhaltensankern wurden für die Interviewleitfäden Fragen entwickelt, die eine Beurteilung der jeweiligen Kompetenzen möglich machten. Es wurde eine ausführliche Fragebogenversion für die Vorauswahl mit allen Kompetenzdimensionen und eine verkürzte Version für das Kurzinterview im Assessment entwickelt.

Abbildung 4.3: Verhaltensanker zur Dimension „Unternehmensweite Kooperation" und fünfstufige Beobachtungsskala

Einschätzung der unternehmerischen Kompetenz anhand von Verhaltensankern

Unternehmerische Kompetenz: unternehmensweite Kooperation	1	2	3	4	5
Beachtet die verschiedenen Schnittstellen eines Prozesses					
Kennt unternehmensweite Prozessabläufe					
Zeigt mögliche Synergiepotenziale auf					
Hat das Gesamtunternehmen im Blick und schaut über seinen eigenen Verantwortungsbereich hinaus					
Auch für fachfremde Probleme findet er mögliche Lösungsansätze					
Gesamtwert der Dimension					

1 = weit unter den Anforderungen
2 = unterhalb der Anforderungen
3 = entspricht den Anforderungen
4 = über den Anforderungen
5 = übertrifft die Anforderungen deutlich

Entsprechend dem teildynamischen Ansatz wurden die AC-Bausteine Fallstudie, Präsentation und Gesprächssimulation auf der Grundlage eines Rahmenszenarios entwickelt, das einen hohen Bezug zum realen Unternehmen hatte. Die Teilnehmer agierten im Assessment-Center als Mitarbeiter des Projekts „Internationale Expansion".

Auf Wunsch des Kunden sollte in der Gestaltung der Fallstudie den unterschiedlichen Backgrounds der Teilnehmer – betriebswirtschaftlich, technisch, energiebranchenspezifisch – Rechnung getragen werden, um auch einen Eindruck von deren Fachkompetenz zu bekommen.

Gegenstand der Fallstudie war eine managementbezogene Fragestellung: Entsprechend seinen Wachstumsplänen plant das Unternehmen den Kauf einer kleineren Firma im Ausland. Zur Auswahl stehen zwei Firmen, der Teilnehmer soll als neuer Projektmitarbeiter eine Kaufempfehlung für eine der beiden Firmen abgeben und muss hierfür vielfältige Informationen analysieren. Diese Informationen sind im Gegensatz zum Rahmenszenario, das für alle Teilnehmer gleich ist, fachspezifisch und liefern entweder betriebswirtschaftliche Kennzahlen und Daten, technische Details oder energiebranchenspezifische Informationen zu den beiden Firmen. Alle drei Arten von Hintergrundinformationen enthalten Vor- und Nachteile. Diese sind jedoch für alle Backgrounds gleichwertig in ihrer Bedeutung und auf beide Unternehmen in etwa gleich verteilt, so dass beide Firmen gleich gut bzw. schlecht für einen Kauf geeignet sind. Zur realitätsnahen Konstruktion dieser Informationen wurden Fachspezialisten des Unternehmens zu kaufentscheidenden Details interviewt und auch zur Prüfung der Fallstudie eingebunden.

Seine Kaufempfehlung sollte der Teilnehmer dem Vorstand des Unternehmens im Rahmen einer Präsentation vorstellen sowie Empfehlungen zu nächsten Schritten geben. Die Beobachter – die in dieser Übung die Rolle des Vorstands übernahmen – erhielten einen Fragenkatalog, mit dem sie mit den Teilnehmern in eine kritische Diskussion gehen konnten.

In der Gesprächssimulation lag der Schwerpunkt auf der Beobachtung der sozialen Kompetenzen, z. B. „interkulturelle Sensibilität" der Teilnehmer. Entwickelt wurde ein Kollegengespräch, in dem die Teilnehmer einem Projektmitarbeiter aus einem anderen Kulturkreis ein kritisches Feedback bezüglich seiner Arbeitsleistung und des Verhaltens im Team geben und dann eine Absprache bezüglich zukünftig geltender Regeln der Zusammenarbeit erreichen sollten.

In der Planung des Assessment-Centers wurde eine Muss-Reihenfolge von Fallstudie – Präsentation – Gesprächssimulation festgelegt, da hier ein inhaltlicher Zusammenhang bestand. Das Interview konnte sowohl am Ende als auch am Anfang des Verfahrens geführt werden. Für jede Aufgabe wurden spezifische Beobachtungsbögen konstruiert, die nur die Kompetenzen enthielten, die auch tatsächlich zu beobachten waren. Die Beobachter erhielten darüber hinaus umfangreiches Informationsmaterial zur Fallstudie, das ihnen im Rahmen einer halbtägigen Beobachterschulung erläutert wurde.

Bezüglich der Qualität der Einschätzungen und der vereinfachten Organisation des Verfahrens ergaben sich für das Unternehmen folgende Verbesserungen:

- Die Übereinstimmung zwischen der Einschätzung des Bewerbers aus der Vorauswahl und dem Abschneiden des Kandidaten im Verfahren war deutlich gestiegen.
- Die Fachabteilungen bestätigten die Passung der ausgewählten High Potentials.
- Durch die Verwendung des Kompetenzmodells als Bewertungsgrundlage wurde die kulturelle Passung der ausgewählten Mitarbeiter verbessert.
- Das Verfahren konnte spontan auch mit einer kleineren Menge an Beobachtern durchgeführt werden, wodurch die Wartezeiten für Bewerber verringert wurden.
- Die Teilnehmer empfanden das Verfahren und die Aufgaben als anspruchsvoll und interessant.

4.5.2 Assessment-Center zur Auswahl von Nachwuchskräften für Fach- und Führungslaufbahnen

Ein weiteres Assessment-Center, das wir Ihnen vorstellen wollen, wurde im Rahmen der Neuausrichtung der Nachwuchskräfteentwicklung in einem Unternehmen etabliert.

Das Unternehmen verfügte bereits über eine Nachwuchskräfteentwicklung, diese war allerdings seit längerer Zeit nicht mehr konsequent betrieben worden. Es existierte auch ein Nachwuchskräftepool, dessen Teilnehmer aber nicht mehr wirklich gezielt gefördert und für weiterführende Positionen vorgesehen wurden. Beförderungen erfolgten eher nach dem Zufallsprinzip. Einige Teilnehmer waren bereits seit Jahren in diesem Pool. Um den Prozess der Nachwuchskräfteauswahl und Förderung neu zu etablieren und vor allem wieder zielgerichtet zu gestalten, wurde ein komplexes Projekt aufgesetzt; ein Teilprojekt war die Entwicklung eines Assessment-Centers.

Zielsetzung des Verfahrens war die gezielte Auswahl von jungen Potenzialträgern, um diese bedarfsorientiert auf die Übernahme weiterführender Aufgaben vorzubereiten. Das Verfahren richtete sich an Potenzialträger, die noch keine hervorgehobenen Fach- oder Führungsaufgaben hatten. Teilnehmen konnten Mitarbeiter aus allen Fachbereichen des Unternehmens. Der Vorschlag zur Teilnahme erfolgte durch den Vorgesetzten. Ein erstes Motivations- und Entwicklungsgespräch durch die Personalentwicklung sicherte die Empfehlung ab.

Insgesamt sollte ein Verfahren entwickelt werden, das:

- fachübergreifend die Potenziale und Kompetenzen der Teilnehmer zum aktuellen Zeitpunkt ermittelt,
- die Ableitung gezielter Personalentwicklungsmaßnahmen ermöglicht,
- Aussagen darüber erlaubt, ob ein Kandidat kurzfristig in den Potenzialpool aufgenommen wird, ob er zu einem späteren Zeitpunkt noch einmal am Assessment teilnehmen kann oder ob in ihm kein Potenzial für weiterführende Aufgaben gesehen wird,
- bei den Potenzialaussagen zwischen Potenzial für eine Fach- oder Führungslaufbahn unterscheidet,
- ein positives Image und eine hohe Akzeptanz im Unternehmen erreicht, z. B. dadurch, dass es einen hohen persönlichen Nutzen für Teilnehmer und entsendende Führungskräfte bietet, teilnehmerorientiert gestaltet und durchgeführt wird und eine breite Akzeptanz als Personalentwicklungsinstrument hat,
- eine effiziente und ressourcenschonende Durchführung ermöglicht, z. B. durch ein optimales Kosten/Nutzen-Verhältnis (Ökonomie), eine hohe Flexibilität in der Verfahrensgestaltung und die leichte Adaption an veränderte Anforderungen.

Die größte Herausforderung in der Konzeption des Verfahrens stellte die Differenzierung zwischen Potenzial für Fach- und Führungsaufgaben dar. Diese Herausforderung wurde mittels einer dezidierten Anforderungsanalyse gemeistert, bei der die Ausprägung der erfolgskritischen Kompetenzen für eine Fach- oder eine Führungslaufbahn definiert wurde.

Um alle relevanten Kompetenzen beobachten und bewerten zu können, wurden für das zweitägige Assessment folgende Bausteine ausgewählt:

- komplexe unternehmerische Fallstudie mit Ergebnispräsentation,
- Gruppenarbeit (Projektmeeting mit klarem Arbeitsauftrag),
- Beratungsgespräch (Projektkunde),
- Kollegengespräch (Konflikt im Projekt),
- Mitarbeitergespräch,
- Interview zur fachlichen Ausrichtung und Kompetenz und
- Persönlichkeitsfragebogen „Bochumer Inventar zur berufsbezogenen Persönlichkeitsbeschreibung (BIP)" (Selbsteinschätzung und Einschätzung durch den Vorgesetzten erfolgte vor dem AC).

Bei der Konzeption der Aufgaben wurde darauf geachtet, dass trotz überfachlicher Orientierung auch die für eine Fachlaufbahn wesentlichen Kompetenzen beobachtet werden konnten. Hierfür wurden für die einzelnen Aufgaben Beobachtungsschwerpunkte definiert.

Die Beobachteraufgaben wurden von Führungskräften der zweiten Ebene wahrgenommen. Damit war gewährleistet, dass sie hinsichtlich der im Unternehmen notwendigen fachlichen Potenziale und Fähigkeiten eine fundierte Einschätzung der Kandidaten leisten konnten. Eine Bewertung der fachlichen Kompetenzen und bisherigen Entwicklung erfolgte zusätzlich durch die Vorgesetzten der Teilnehmer.

In der Beobachterschulung wurden die Führungskräfte auch auf die Feedbackgespräche mit den Teilnehmern vorbereitet. So konnten diese von allen teilnehmenden Beobachtern geführt werden. Hier wurde bereits mit den Teilnehmern besprochen, ob sie in den Potenzialpool aufgenommen wurden und ob man für sie eine fachliche oder eine führungsbezogene Entwicklung sah. Auf das Feedback direkt nach dem Assessment erfolgte noch ein ausführliches Entwicklungsgespräch mit dem Teilnehmer und dessen Führungskraft, das die Vertreter der Personalentwicklung durchführten. Hier wurde ein konkreter Entwicklungsplan für den Teilnehmer erarbeitet. Dies erfolgte für alle Teilnehmer, auch wenn sie nicht in den Nachwuchskräftepool aufgenommen wurden.

Dieser Schritt hatte den positiven Nebeneffekt, dass ausgewertet und verfolgt werden konnte, wie die Akzeptanz des Verfahrens und der Ergebnisse im Unternehmen war. Darüber hinaus zeigte sich, dass die Differenzierung zwischen Fach- und Führungslaufbahn – als Ziel für die Potenzialaussage des Verfahrens – von den Teilnehmern, aber auch von deren Führungskräften sehr begrüßt wurde. Diese Differenzierung wurde dadurch möglich, dass im Unternehmen neben der Führungslaufbahn im Rahmen des Gesamtprojekts auch eine gleichwertige Fach- und eine Projektlaufbahn etabliert wurden. Viele Teilnehmer machten in den Entwicklungsgesprächen deutlich, dass für sie persönlich eine Führungslaufbahn nicht ihren Wünschen entsprochen hätte. Damit hat das Unternehmen einen wichtigen Schritt in Richtung eines umfassenden Talentmanagements geleistet und kann so auch den Bedarf an Spezialisten und Experten für die Zukunft sichern.

Nach dreimaliger Unterstützung durch die externen Berater und einer umfassenden Schulung aller Beteiligten führt das Unternehmen das Assessment-Center jetzt in Eigenregie durch. Moderiert wird der Prozess durch die Verantwortlichen der Personalentwicklung.

4.6 Kritische Betrachtung des Assessment-Centers

Assessment-Center waren von Beginn ihrer Anwendung an bis heute Gegenstand vieler wissenschaftlicher Untersuchungen. Geprüft wird immer wieder, ob sich mit Assessment-Centern wirklich die Kompetenzen erfassen lassen, die erfasst werden sollen (Validität), und ob die Aussagen, die das Verfahren hinsichtlich der Eignung einer Person trifft, auch zuverlässig sind, also auch morgen noch gelten (Reliabilität).

Die Übereinstimmung der Einschätzungen der Beobachter gilt als aussagekräftiges Maß für die Zuverlässigkeit des Verfahrens. Werte zwischen $r = .60$ und $.98$ (als Zusammenhangsmaß) sprechen dabei für eine hohe Zuverlässigkeit, wie sie Howard (1974) als einer der wenigen aus einer Vielzahl von Studien berechnete. Beobachterschulungen können zur Erhöhung der Zuverlässigkeit beitragen: von $r = .58$ bei untrainierten Beobachtern auf $r = .90$ bei trainierten Beobachtern (Richards & Jaffee, 1972).

Hinsichtlich der Gültigkeit des Assessment-Centers kommt der prädiktiven Validität, die den Zusammenhang zwischen dem Verfahren und externen Kriterien wie z. B. Karriereerfolg misst, besondere Bedeutung zu. Lässt sich mit dem Verfahren wirklich vorhersagen, dass Kandidat 1 in der Position erfolgreicher sein wird als Kandidat 2? In einer von Gierschmann (2005) bei der Deutschen Post AG durchgeführten Untersuchung wurde der Zusammenhang zwischen dem AC-Ergebnis und dem Aufstieg in die nächste Führungsebene überprüft. Der Zusammenhang war deutlich positiv ($r = .43$ bis $.57$) und zeigte auf, dass im Assessment-Center positiv beurteilte Kandidaten später auch beruflich erfolgreicher waren. Metaanalysen, in denen viele Untersuchungen miteinander verglichen werden, zeichnen jedoch unterschiedliche Bilder. Hardison & Sackett (2007) ermittelten nur geringe Zusammenhangsmaße ($r = .22$), während Holzenkamp, Spinath & Höft (2008) als erste mit einer Metaanalyse für den deutschsprachigen Raum einen Nachweis für die Gültigkeit der Aussagen des Assessment-Centers erbrachten ($r = .33$).

In der Personalauswahl weist das Assessment-Center im Vergleich zu anderen Verfahren eine relative hohe Validität auf: $r = .45$ im Vergleich zu $r = .14$ bei freien Interviews. Allerdings sind Arbeitsproben ($r = .54$) und kognitive Verfahren ($r = .53$) noch valider in ihren Aussagen und das hoch standardisierte Interview erreicht ähnlich hohe Validitäten ($r = .44$) wie das AC.

Eine detaillierte wissenschaftliche Auseinandersetzung liefert Obermann in seinem 2009 erschienenen Buch „Assessment-Center".

Die unterschiedlichen wissenschaftlichen Ergebnisse liegen u. a. auch darin begründet, dass es *das* standardisierte, einheitliche Verfahren nicht gibt und bei den Anwendern auch häufig kein einheitliches Verständnis davon vorliegt, was ein Assessment-Center ist. Dementsprechend gibt es hinsichtlich der Konzeption und der Durchführung hohe qualitative Unterschiede. Wichtige Qualitätshebel sind:

- die Aufgabengestaltung entsprechend den Kompetenzen aus dem Anforderungsprofil,
- die Ausbildung der Beobachter und
- die Fokussierung auf verhaltensbezogene Simulationen.

Ein Aspekt, der immer wieder kritisch diskutiert wird, ist der Eindruck, dass im Assessment-Center hauptsächlich die redegewandten, extravertierten Kandidaten gut abschneiden. Aus unserer Erfahrung muss dieser Aspekt differenzierter betrachtet werden:

- Wir machen immer wieder die Beobachtung, dass, wenn ein Assessment mit einer Gruppenarbeit/-diskussion beginnt, tatsächlich die extravertierten Teilnehmer scheinbar einen Vorteil erlangen. Sie ziehen mehr Aufmerksamkeit auf sich und ihr Verhalten ist im Gegensatz zu dem der schweigsameren, introvertierten Teilnehmer beobachtbar. Häufig bleibt den Beobachtern nichts anders übrig, als bei sehr zurückhaltenden Teilnehmern zu der Bewertung „nicht beobachtbar" zu kommen. Im weiteren Verlauf einer Potenzialeinschätzung verändert sich dieser Eindruck aber oft sehr deutlich. In den Einzelsituationen eines Assessments haben die introvertierten Teilnehmer bessere Chancen, sich und ihre Kompetenzen darzustellen. Häufig überzeugen sie dann durch eine hohe inhaltliche Qualität. Dies ist ein Grund, warum in einem Assessment-Center immer auf eine ausreichende Vielfalt von Aufgaben geachtet werden sollte. Damit werden auch zurückhaltenden Kandidaten gute Chancen gegeben, ihre Potenziale zu zeigen.

- Viele Positionen, für die Assessment-Center eingesetzt werden, erfordern ein erhöhtes Maß an zwischenmenschlichen Kompetenzen, zu denen auch Kommunikationsbereitschaft und -fähigkeit zählen. Genannt seien beispielsweise Vertriebs- und Führungsaufgaben. Agiert ein Teilnehmer in einem Verfahren für eine entsprechende Zielposition tatsächlich überwiegend introvertiert und zurückhaltend, ist die Frage berechtigt, ob die Besetzung der Position mit diesem Kandidaten wirklich zum Erfolg führen würde. Für den Teilnehmer kann es deutlich wertvoller sein, durch seine Teilnahme am Assessment Klarheit darüber gewonnen zu haben, dass seine berufliche Entwicklung einer Fachkarriere (statt einer Führungskarriere) folgen sollte. In diesem Sinne wurden mit dem Assessment wichtige, entscheidungsrelevante Kompetenzinformationen erhoben.

Ein weiterer Aspekt, dem hinsichtlich der Qualität der Ergebnisse von Assessment-Centern Aufmerksamkeit geschenkt werden sollte, ist die

Frage, inwieweit die Situationen, in denen die Teilnehmer agieren, wirklich miteinander vergleichbar sind. Selbstverständlich sind alle Situationen von der Grundgestaltung, hinsichtlich der vorliegenden Informationen und der Zielbeschreibung für alle Teilnehmer gleich. Nach dem Lesen der Aufgabeninstruktion entwickeln die Situationen durch die individuelle Gestaltung der Teilnehmer aber eine Eigendynamik. Dies ist auch in Ordnung, da dieser Aspekt gerade die Kompetenz des Teilnehmers spiegelt. Wie gut gelingt es ihm, die Situation erfolgreich zu gestalten? Agiert der Teilnehmer nun aber in einer Gesprächssituation, wird er durch seinen Rollenspielpartner beeinflusst. Es könnte durchaus sein, dass ein Rollenspieler eher einen „zähen" Kunden im Verkaufsgespräch spielt, während der Kollege im Nachbarraum viel früher bereit ist einzulenken. Dann werden letztendlich die Kompetenzen der Teilnehmer aus zwei unterschiedlich schweren Situationen miteinander verglichen. Im Bewertungsergebnis wird dies aber nicht dokumentiert. Um den Verzerrungsaspekt der Ergebnisse so gering wie möglich zu halten, müssen die Rollenspieler gut geschult werden. Es muss ein einheitliches Anspruchsniveau und ein relativ einheitliches Vorgehen und Verhalten im Gespräch abgestimmt werden: Wie lange wird wie viel Widerstand gezeigt? Wann wird wie weit nachgegeben? Wie wird auf welches Teilnehmerverhalten reagiert (z. B. Angriffe)? Nur mit einer gründlichen Vorbereitung der Rollenspieler erreichen Sie korrekt miteinander vergleichbare Ergebnisse. Aufgrund der Verzerrungstendenzen durch Rollenspieler sind einige Unternehmen dazu übergegangen, bei diesen Aufgaben mit professionellen Schauspielern zu arbeiten. Eine durchaus attraktive Lösung.

Aus unserer Erfahrung bieten Assessment-Center für viele diagnostische Fragestellungen einen deutlichen Mehrwert. Die Intensität und der Umfang, in dem ein Kandidat im Rahmen des Assessments beobachtet und bewertet wird, ermöglichen es, Besetzungsentscheidungen allein durch den umfassenden Informationsgewinn deutlich zu verbessern. Dabei gilt: je besser die Qualitätskriterien eingehalten werden und je vielfältiger die integrierten Bausteine und Instrumente sind, desto besser ist das diagnostische Ergebnis.

5 Potenzialanalyse mal anders - Alternativen zum klassischen Assessment-Center

Im vorhergehenden Kapitel haben wir aufgezeigt, dass das Assessment-Center ein bewährtes und von der diagnostischen Qualität und Validität her solides Verfahren ist, das für viele Fragestellungen der Qualifikations- und Potenzialanalyse eingesetzt werden kann.

Trotzdem gibt es Situationen und diagnostische Fragestellungen, für die zwar die Methodik des Assessment-Centers geeignet ist, aber der klassische Ansatz nicht die erste Wahl ist. Kreative Alternativen sind gefragt.

Die Notwendigkeit für eine kreative bzw. alternative Gestaltung von Assessment-Center-Verfahren oder anderen, an diese angelehnten Verfahrensgestaltungen, kann sich u. a. aus der Zielgruppe ergeben. So haben wir z. B. bei Auszubildenden häufig die Situation, dass diese mit betrieblichen Situationen, die wir ihnen in einem Assessment-Center zur Bearbeitung geben könnten, nicht viel anfangen können; ihnen fehlt jegliche Erfahrung und das Szenario wirkt vielleicht sogar hemmend, was wiederum die Potenzialaussage verzerrt. Für Auszubildende führen viele Unternehmen deswegen Outdoor-Assessments durch. Diese bieten den Kandidaten ein Handlungsfeld, in dem sie sich freier und vor allem authentischer bewegen können.

Des Weiteren kann sich ein kreativ gestalteter Ansatz daraus ergeben, dass Sie in der Potenzialeinschätzung Anforderungsdimensionen bewerten wollen, die im Rahmen eines klassischen Assessment-Centers nicht in vollem Umfang oder auch gar nicht zu beurteilen sind. Als Beispiele seien hier genannt: Führungsanspruch bzw. Führungsmotivation, Handlungsorientierung, Umsetzungsorientierung oder auch Initiative und Einsatzbereitschaft. Auch wenn diese Dimensionen durchaus in klassischen Assessment-Center-Verfahren bewertet werden, ergibt sich dennoch ein höherer diagnostischer Wert, wenn die Potenzialeinschätzung so gestaltet ist, dass diese Anforderungsdimensionen im Rahmen eines freieren Handlungsrahmens eingeschätzt werden. Die diagnostischen Situationen im klassischen Assessment sind oft zu stark vorstrukturiert, als dass die Teilnehmer wirklich frei agieren könnten. Entsprechend können sie ihrer tatsächlichen Motivation weniger Ausdruck verleihen. In einem Outdoor-Assessment beispielsweise versetzen die situativen Anforderungen die Teilnehmer in Situationen, in denen z. B. ihre Führungsbereitschaft deutlich besser einzuschätzen ist als in einer klassischen Gruppensituation oder einem Mitarbeitergespräch.

Nachfolgend wollen wir Ihnen zwei alternative Potenzialanalyseverfahren vorstellen, von denen das eine Verfahren eine Verbindung des klassischen Assessment-Center-Ansatzes mit einem Outdoor-Assessment-Center ist. Das zweite Verfahren ist ein Führungsplanspiel. Beide Verfahren wurden von uns spezifisch für die jeweiligen Kundenbedarfe und -zielsetzungen entwickelt.

5.1 Praxisbeispiel: Führungspotenzial in komplexen In- und Outdoor-Situationen erfassen

Bereits in der Vergangenheit hatte das hier vorgestellte Unternehmen Assessment-Center in der klassischen Gestaltungsform durchgeführt. Durch die Art der Durchführung (auch hierbei kann sehr unterschiedlich agiert werden), rückten bei der damals gewählten Verfahrensgestaltung Belastungs- und Stressfaktoren für die Teilnehmer zu sehr in den Vordergrund. Innerhalb kurzer Zeit etablierte sich ein sehr negativer Ruf des Assessment-Centers im Unternehmen. Die Bereitschaft zur Teilnahme war deutlich eingeschränkt.

Zum Zeitpunkt der Gestaltung des neuen Verfahrens hatte das Unternehmen aufgrund der schlechten Erfahrungen bereits eine zweijährige Pause in der Durchführung von Potenzialeinschätzungen gemacht. Diese hatten immer noch einen sehr schlechten Ruf und das Stichwort „Assessment-Center" oder „Potenzialeinschätzung" löste sowohl bei Teilnehmern als auch bei Beobachtern sofort negative Assoziationen aus. Dennoch war das Unternehmen bestrebt, für die Auswahl von Nachwuchsführungskräften wieder eine Potenzialeinschätzung einzuführen. Grundsätzlich wurden der diagnostische Wert und Nutzen des Assessment-Centers von den Verantwortlichen des Unternehmens nach wie vor als sehr hoch eingeschätzt.

Gesucht wurde ein Verfahren, das die diagnostischen Vorteile und die Qualität eines Assessment-Centers mit einem deutlichen Incentive-Charakter für die beteiligten Mitarbeiter und Beobachter verband.

Im Zielklärungsworkshop (vgl. Abschnitt 5.1.1) wurden folgende Zielsetzungen definiert:

- hohe diagnostische Validität,
- zielgruppenspezifische Abdeckung der für Nachwuchsführungskräfte relevanten Anforderungsdimensionen des Unternehmens,
- Ergebnisse, die arbeitsrelevante Aussagen zu Kompetenzen, Potenzialen und Qualifizierungsbedarf umfassen und eine Ableitung von Personalentwicklungsempfehlungen erlauben,
- Ergebnisse müssen eine sichere Auswahlentscheidung für den Führungskräftenachwuchspool erlauben,
- Entwicklung eines Verfahrens, das die Teilnehmer selbst in hohem Maße in die Potenzialeinschätzung einbezieht und die Selbstbild-Fremdbild-Reflexion unterstützt,
- Vermeidung einer Gewinner-Verlierer-Problematik,
- Konzeption einer Veranstaltung, die die mit einem diagnostischen Verfahren verbundene Belastung der Teilnehmer reduziert und neben der validen Potenzialeinschätzung allen Beteiligten ein hohes Maß an Identifikation und Spaß an der Teilnahme erlaubt und
- Gestaltung eines Verfahrens, das im Unternehmen ein hohes positives Image gewinnt.

5.1.1 Vorgehen zur Entwicklung der Potenzialanalyse

Analog zum Vorgehen bei der Entwicklung eines klassischen Assessment-Centers erfolgte im ersten Schritt ein eintägiger Workshop mit den Entscheidungsträgern des Unternehmens. Bearbeitet wurden diese Punkte:

- Analyse der Ausgangssituation.
- Fundierte Zieldefinition und Beschreibung der zu erreichenden Soll-Situation. Unter Berücksichtigung der Gesamtzielsetzung wurden verschiedene Gestaltungsansätze diskutiert, u. a. die Gestaltung der Poten-

zialeinschätzung auf einem Segelboot, im Rahmen eines Baus von z. B. Klettergerüsten oder Ähnlichem oder mit Outdoor-Aufgaben.

- Abgleich des bestehenden Anforderungsprofils des Unternehmens mit den beschriebenen Zielsetzungen. Ein wesentlicher Aspekt hierbei war es, die Beobachtbarkeit der einzelnen Anforderungsdimensionen in der zu entwickelnden Potenzialeinschätzung zu überprüfen. Z. T. wurde das bestehende Anforderungsprofil zur Gewährleistung einer validen Beobachtung und Einschätzung der Dimensionen leicht angepasst und verändert.

- Im nächsten Schritt wurde überprüft, anhand welcher Beobachtungssituation bzw. Aufgabenstellung die beschriebenen Anforderungsdimensionen sicher und valide eingeschätzt werden können. Um alle Dimensionen bewerten zu können, fiel die Entscheidung, Elemente des klassischen Assessment-Centers mit einem Outdoor-Setting zu kombinieren. Durch den Outdoor-Anteil sollte gewährleistet werden, dass die Teilnehmer ihr Potenzial in wirklich frei gestaltbaren Aufgabenstellungen unter Beweis stellen können. Zukünftige Anforderungssituationen, in denen sich die Teilnehmer bei Übernahme einer Führungsaufgabe bewähren müssen, sollten aber nicht außen vor gelassen werden. Die gewählte Kombination vereinte beide Aspekte. Gleichzeitig war davon auszugehen, dass Teilnehmer und Beobachter Spaß bei der Durchführung des Verfahrens haben würden.

Ein Ausschnitt des Anforderungsprofils ist in **Abbildung 5.1** zu finden.

Abbildung 5.1: Ausschnitt aus dem Anforderungsprofil

Kompetenzdimensionen beschrieben anhand entgegengesetzter Verhaltenspräferenzen

Soziale Kompetenz   +++ ++ + !!! + ++ +++

Kontaktverhalten:	Kontaktverhalten:
extrovertiert	introvertiert
Teamorientierung	Individualismus
Durchsetzungsorientierung	Kooperationsbereitschaft
Überzeugungs-/Argumentations-	Überzeugungs-/Argumentations-
verhalten: offensiv, intuitiv	verhalten: defensiv, sachlich

Unternehmerisches Denken und Handeln

Perspektive des Denkens:	Perspektive des Denkens:
unternehmerisch	individuell
Abschlussverhalten: aktiv	Abschlussverhalten: reaktiv

+++ = deutlich // ++ = überwiegend // + = manchmal // !!! = beherrscht beide Verhaltensfacetten

5.1.2 Konzeption des Outdoor-Assessments

Mit den Ergebnissen des Zielklärungsworkshops war die Ausgangssituation für die Konzeption des Rahmensettings und der Aufgabenstellungen geschaffen.

Alle konzeptionellen Überlegungen orientierten sich wie bei jedem Assessment-Center streng an der Gesamtzielsetzung des Unternehmens. Entsprechend einem teildynamischen Assessment-Center wurde das Ziel verfolgt, den Teilnehmern ein möglichst authentisches Handeln in einem in sich geschlossenen Rahmen zu bieten, in dem die einzelnen Situationen logisch aufeinander aufbauen. Als Unternehmen für den Gesamtrahmen wurde ein Outdoor-Material-Anbieter gewählt, der seine Geschäftsaktivitäten zukünftig um Outdoor-Reisen erweitern wollte. Auf dieser Basis wurden die einzelnen Aufgabenstellungen entwickelt. Mit der Wahl des branchenfremden Unternehmens wurde zugleich dem Gesichtspunkt

Rechung getragen, dass kein Teilnehmer durch seine Fachkenntnisse bei der Aufgabenbearbeitung Vorteile haben sollte. Für alle Teilnehmer war das Setting neu.

5.1.3 „Best Trekking" – das Unternehmen und die Aufgaben für die Potenzialeinschätzung

Im Gesamtszenario absolvierten alle Teilnehmer als Projektleiter neu etablierter Adventure-Teams die ersten Arbeitstage beim Unternehmen „Best Trekking". Das Unternehmen Best Trekking war Hersteller von Trekking- und Outdoor-Ausstattung. Zusätzlich zu diesen Leistungen wollte das Unternehmen seinen Kunden zukünftig als ergänzende Dienstleistung die Organisation und Durchführung von Outdoor-Touren, Adventure-Touren und Expeditionen anbieten. Davon versprach man sich u. a. eine bessere Marktplatzierung. Um diese Dienstleistung anbieten zu können, hatte Best Trekking neue Mitarbeiter eingestellt. Diese bildeten die neuen Adventure-Teams des Unternehmens. Zu ihren Aufgaben gehörten nicht nur die Planung, Entwicklung und Durchführung von Adventure-Touren für Kunden, sondern auch deren Marketing und Verkauf. Die Potenzialanalyse spiegelte quasi das erste Zusammentreffen und die erste Zusammenarbeit der neuen Adventure-Team-Projektleiter wider. Am ersten Arbeitstag (Beginn der Potenzialeinschätzung) wurden die Teilnehmer gebeten, sich umfassend mit dem Unternehmen und dessen Leistungen auseinanderzusetzen. Dies wurde in einer komplexen Fallstudie simuliert, in der sie sich alle notwendigen Informationen (Produktspektrum, wichtige Wirtschafts-, Vertriebs- und Personalkennzahlen, geplante Geschäftserweiterung etc.) erarbeiteten mussten. Hierzu erfolgte eine Präsentation bei der Geschäftsführung, in der eine Einschätzung zum Unternehmen und der geplanten Geschäftserweiterung präsentiert wurde. Die Unterlagen, die die Teilnehmer für die Fallstudie erhielten, gaben ihnen gleichzeitig wichtige Informationen für die Bearbeitung der weiteren Aufgabenstellungen.

Im Anschluss fand eine Gruppenarbeit zur Konzeption einer Marketingstrategie für die geplanten Adventure-Touren statt. Für die Gruppenarbeit erhielten die Teilnehmer Fragestellungen, zu denen sie zu Beginn der Gruppenarbeit einzeln vor der Gruppe ihre Ergebnisse präsentierten. Darauf aufbauend waren die Teilnehmer gefordert, eine Marketingstrategie zur Einführung der Dienstleistung „Adventure-Touren" zu erarbeiten. Mindestanforderungen zu Inhalt und Umfang des Konzepts waren vorgegeben. Um eine intensive Arbeit in den Gruppen zu gewährleisten, wurde bei zwölf Teilnehmern in zwei Gruppen mit je sechs Teilnehmern gearbeitet.

Die dritte Aufgabe stellte die Gestaltung eines Verkaufsgesprächs dar. Ausgangssituation war hier, dass erste Händleranfragen (Geschäftsinhaber von Outdoor-Läden) für Adventure-Touren vorlagen. Die Teilnehmer waren gefordert, mit einem potenziellen Kunden ein Verkaufsgespräch zu führen. Dabei waren die Verkaufsziele vorgegeben.

In der vierten Aufgabenstellung mussten die Teilnehmer vor potenziellen Kooperationspartnern eine Präsentation halten. Zur Gestaltung der Adventure-Touren war das Unternehmen darauf angewiesen, Kooperationspartner, z. B. Hotelketten, zu gewinnen. Ziel der Präsentation war es, diese von der Leistung von Best Trekking und der Idee der Adventure-Touren zu überzeugen. Alle notwendigen Informationen lagen den Teilnehmern hierfür bereits aus der Fallstudie und der Gruppenarbeit „Entwicklung eines Marketingkonzepts" vor. Dadurch wurde gewährleistet, dass die einzelnen Aufgabenstellungen aufeinander aufbauen, an Komplexität gewinnen und so das Lernverhalten der Teilnehmer im Rahmen des Assessment-Centers eingeschätzt werden konnte.

Die nächste Aufgabenstellung galt der Vorbereitung der ersten Adventure-Tour. Hier standen die Teilnehmer vor der Herausforderung, notwendige Materialien zu verteilen und zu packen, um die Tour erfolgreich zu gestalten. Diese Aufgabe floss allerdings nicht in die Bewertung ein.

Die folgenden Outdoor-Aufgabenstellungen umfassten zwei Drittel eines Tages. Diese Aufgabenstellungen wurden in den einzelnen Durchführungen variiert. Z. T. wurden Wanderungen durchgeführt, auf denen das Team verschiedene Hindernisse zu überwinden hatte. Neben kleineren Aufgabenstellungen wurden z. B. auch Brücken oder Flöße gebaut. In einer Variation wurden für den Aufbau eines Ranching-Geländes von den Teilnehmern Figuren aus Pappmaché hergestellt.

Die abschließende Aufgabe am nächsten Tag bildete das Mitarbeitergespräch, bei dem es darum ging, einem Mitarbeiter Feedback zu seinem Leistungsverhalten während der ersten Testreise zu geben. Ziel war, dem Mitarbeiter sowohl positives als auch kritisches Feedback zu geben und ihn gleichzeitig für neue, erweiterte Aufgabenstellungen zu gewinnen.

Das Assessment-Center umfasste inklusive erster kurzer Feedbackgespräche an die Teilnehmer zweieinhalb Tage.

5.1.4 Feedback aus unterschiedlichen Perspektiven

Zur Erweiterung des diagnostischen Rahmens wurden ergänzend zu den eigentlichen Aufgabenstellungen im Assessment-Center weitere diagnostische Instrumente integriert.

Das Verfahren sollte neben der Fremdeinschätzung durch die Beobachter auch eine hohe Selbstreflexion für die Teilnehmer bieten und deren Auseinandersetzung mit einer angestrebten Führungsaufgabe im Unternehmen aktiv unterstützen. Vor dem Hintergrund der gewünschten Auseinandersetzung mit dem Selbst- und Fremdbild wurde in diesem Verfahren das Bochumer Inventar zur berufsbezogenen Persönlichkeitsbeschreibung (BIP) eingesetzt. Den Fragebogen bearbeiteten die Teilnehmer während des Assessment-Centers, die Ergebnisse flossen in die Gesamtergebnisfindung ein.

Ein weiteres diagnostisches Instrument war ein speziell für dieses Verfahren entwickeltes Peer-Rating. Mit dem Peer-Rating sollte den Teilnehmern die Möglichkeit gegeben werden, nicht nur aus der Perspektive der Beobachter, sondern auch von Kollegen Feedback zu erhalten. Bei der Entwicklung des Peer-Ratings wurde der Tatsache Rechnung getragen, dass es Teilnehmern in einer Potenzialanalyse häufig sehr schwer fällt, sich gegenseitig Feedback zu geben. Oft überwiegt dabei das Anliegen der Teilnehmer, keinem anderen zu schaden. Vor diesem Hintergrund entwickelten wir ein Verfahren, bei dem sich die Teilnehmer Feedback zu dem als besonders positiv erlebten Verhalten gaben. Um für die Teilnehmer das Kollegenfeedback so einfach wie möglich zu gestalten, erhielten die Teilnehmer für Gruppen- oder Zweiersituationen, in denen sie das Verhalten ihrer Kollegen einschätzen konnten, speziell vorbereitete Feedbackkarten zu den einzelnen Anforderungsdimensionen. Nach der jeweils gemeinsam gestalteten Situation sollten sie den Kollegen die Feedbackkarten zu den Dimensionen geben, von denen sie der Meinung waren, dass der Kollege die entsprechende Kompetenz gut gezeigt hatte. Dieser Prozess verdeutlichte, wo aus Sicht der Teilnehmer besondere Kompetenzen der einzelnen Kandidaten lagen, aber auch, welche Potenziale noch nicht so ausgeprägt waren, dass sie den anderen positiv auffielen.

Dieses begleitende Feedback wurde durch ein abschließend zusammenfassendes Kollegenfeedback abgerundet. Am Ende der Potenzialeinschätzung gaben sich die Teilnehmer noch einmal gegenseitig Feedback. Hierfür wurde für jeden Teilnehmer ein Plakat mit seinem Namen vorbereitet. Alle Teilnehmer konnten dort für jeden Kollegen Feedbackkarten anbringen. Hierbei sollten die Teilnehmer Feedback dazu geben, was ihnen besonders gut gefallen hatte, aber auch, welche Wünsche sie an den Kollegen haben. Die Karten durften anonym verfasst werden und wurden verdeckt auf das Plakat gehängt. Der jeweilige Plakatbesitzer nahm seine Karten selbst ab. Das zusammenfassende Feedback wurde noch einmal gemeinsam im Plenum besprochen. Hier ging es insbesondere darum, dass jeder Teilnehmer Gelegenheit hatte, Fragen zum erhaltenen Feedback zu stellen oder auch selbst noch Feedback zu geben.

Ein weiteres gestaltendes Merkmal des Gesamtverfahrens war, dass jeder Teilnehmer zu Beginn des Verfahrens seine persönliche Videokassette bekam. In jedem Raum stand eine Videokamera, mit der die von den Teilnehmern persönlich gestalteten Aufgaben auf Video aufgezeichnet wurden. Die Kassette blieb im Besitz der Teilnehmer. Für Gruppensituationen gab es eine Gesamtaufnahme, die den Teilnehmern hinterher zur Verfügung gestellt wurde. Die Teilnehmer hatten an den Durchführungsabenden und nach dem Assessment-Center Gelegenheit, die Aufzeichnungen mit einem Beobachter gemeinsam anzusehen und noch einmal für sich auszuwerten. Mit den Videoaufzeichnungen wurde den Teilnehmern die Chance gegeben, das Feedback der Beobachter und Kollegen in einen direkteren Abgleich mit ihrem Handeln zu bringen. Häufig war das Feedback für Teilnehmer in Teilen nicht nachvollziehbar, weil sie sich an ihr eigenes Handeln nicht mehr umfassend erinnern konnten oder ihre Handlungsabsicht anders war als das, was sie real bewirkt hatten. Dieses Defizit konnte mit der gewählten Vorgehensweise ausgeschlossen werden. Zusätzlich wurde der Selbstreflexionsprozess unterstützt.

5.1.5 Beobachterkonferenz und Feedback

Im Anschluss an die Durchführung aller Aufgabenstellungen durch die Teilnehmer erfolgte die Beobachterkonferenz. Hier wurden alle Ergebnisse zusammengetragen und diskutiert. In diesem Rahmen fand auch ein Abgleich zwischen dem Selbst- und Fremdbild der Teilnehmer anhand des Ergebnisprofils aus dem Beobachtungsprozess und der Selbsteinschätzung aus dem BIP statt.

In der Beobachterkonferenz war es uns besonders wichtig, dass die Beobachter ihre wesentlichen Eindrücke noch einmal reflektierten, eine Einschätzung zur Übernahme einer Führungspositionen durch den Teilnehmer gaben und gewissenhaft über die nächsten Schritte in der persönlichen Entwicklung und Personalentwicklung für den Teilnehmer diskutierten.

Direkt im Anschluss an die Beobachterkonferenz erfolgten die ersten kurzen Feedbackgespräche mit den Teilnehmern. Dies hatte immer zur Folge, dass die Teilnehmer während der Dauer der Beobachterkonferenz eine relativ lange Leerlaufzeit hatten, die sie z. B. für Feedbackgespräche mit den Kollegen oder das Ansehen der Videodokumentation nutzten. Trotz der Wartezeit erachten wir dieses Vorgehen als sinnvoll und wichtig, da in unserer Wahrnehmung die Teilnehmer im Rahmen einer Potenzialanalyse immer eine hohe Leistung erbringen und damit auch das Recht haben, unmittelbar nach dem Verfahren zumindest ein erstes Feedback zu erhalten.

Ein weiteres, sehr ausführliches Feedbackgespräch, in dem dann auch umfassend über die weiteren Personalentwicklungsschritte für einen Zeitraum von ca. eineinhalb bis zwei Jahren gesprochen wurde, erfolgte durch die Entscheidungsträger der Personalabteilung, sobald der Ergebnisbericht für jeden Teilnehmer vorlag.

Einen Überblick über die Gestaltung des Gesamtverfahrens gibt der exemplarische Zeitplan in **Abbildung 5.2** und **Abbildung 5.3**.

Praxisbeispiel: Führungspotenzial in komplexen In- und Outdoor-Situationen erfassen 117

Abbildung 5.2: Zeitplan des Outdoor-Assessment-Centers (Teil I)

Start des Outdoor-Assessment-Centers

Tag 1	
Bis 13.00	Anreise
13.30 - 14.30	Gemeinsames Kick-Off, Begrüßung
14.30 - 16.00	Beobachtereinführung für alle Beobachter
14.30 - 16.00	Bearbeitung des Materials zur Unternehmensvorstellung durch die Teilnehmer
16.00 - 17.30	Besprechen der Unternehmensvorstellung mit den Teilnehmern durch die Beobachterteams in Einzelgesprächen, *Parallel dazu: Erstellen eines Werbeplakates durch die Teilnehmer in Vierer-Teams*
17.30 - 18.00	Kaffeepause für die Beobachter, Parallel dazu: Vorbereitung der Teamarbeit, Marketingkonzept durch die Teilnehmer
18.00 - 19.00	Durchführung der Teamarbeit, Marketingkonzept
19.00 - 19.30	Beobachterbesprechung: Auswertung Teamarbeit Marketingkonzept
19.30	Gemeinsames Abendessen, im Anschluss: Prämierung der Werbeplakate

Abbildung 5.3: Zeitplan des Outdoor-Assessment-Centers (Teil II)

Fortsetzung des Outdoor-Assessment-Centers

Tag 2	
08.20 - 08.40	Information der Teilnehmer zum Tag
08.40 - 13.30	Vorbereitung und Durchführung des Verkaufsgesprächs und der Präsentation. Die Teilnehmer bearbeiten parallel dazu einen Selbstbeschreibungsfragebogen BIP.
13.30 - 14.30	Gemeinsames Mittagessen; Umziehen zur Outdoor-Tour
14.30 - 14.45	Die Teilnehmer packen ihre Reisematerialien
14.45 - 21.00	Outdoor-Tour mit Spinnennetz und Floßbau

Tag 3	
08.40 - 11.10	Vorbereitung und Durchführung des Mitarbeitergesprächs. Die Teilnehmer bearbeiten parallel dazu das Abschluss-Kollegen-Feedback.
11.30 - 12.30	Abschlussrunde mit den Teilnehmern
12.30 - 15.00	Beobachterkonferenz mit Imbiss
15.00 - 17.00	Feedbackgespräche

5.1.6 Beobachterschulung

Das sehr komplexe Verfahren erforderte eine gute Vorbereitung der Beobachter, damit diese mit den für sie ebenfalls ungewohnten und komplexen Situationen gut umgehen und zu soliden Beobachtungsergebnissen kommen konnten. Als Beobachter nahmen neben uns als externen Beratern und Vertretern der Personalentwicklung auch Führungskräfte des Unternehmens teil, die mindestens zwei Hierarchieebenen über den Teilnehmern standen. Für den Outdoor-Teil wurde das Beobachtungsmaterial so gestaltet, dass es für die Beobachter, auch wenn sie nicht im Seminarraum waren, leicht und einfach zu handhaben war.

In der Beobachterschulung wurde ein besonderes Augenmerk darauf gelegt, den Beobachtern deutlich zu machen, dass es für die Qualität der Ergebnisse von großer Bedeutung ist, dass sie auch im Rahmen der Outdoor-Situationen an ihren Beobachteranforderungen festhalten und sich hier nicht durch das Handeln der Teilnehmer ablenken lassen. Während der Durchführung der Verfahren stellte sich dieser Aspekt durchaus als Herausforderung dar und erforderte von den begleitenden Beratern, die Beobachter immer wieder an ihre Beobachtungsaufgaben zu erinnern. Zu deutlich war hier teilweise der ansteckende Charakter des Enthusiasmus, mit dem die Teilnehmer an die Outdoor-Aufgabenstellungen herangingen.

5.1.7 Nutzen des Verfahrens

Mit dem entwickelten Verfahren wurde eine insgesamt sehr komplexe Potenzialeinschätzung konzipiert, die von den zu bearbeitenden Situationen her unterschiedlichste Anforderungen an die Teilnehmer stellte und ihnen somit die Chance bot, ihr gesamtes Kompetenz- und Potenzialspektrum darzustellen. Insgesamt umfasste die Potenzialanalyse folgende Bestandteile:

1. Kick-Off,
2. Beobachterschulung,
3. klassische Assessment-Center-Aufgabenstellungen: analytische Fallstudie, Präsentation, Verkaufsgespräch, Mitarbeitergespräch,
4. Outdoor-Aufgabenstellungen (variierend),

5. Selbsteinschätzung anhand des BIP,
6. Peer-Rating,
7. Videodokumentation,
8. Ergebnisbericht mit Personalentwicklungsempfehlung und
9. direktes Kurzfeedback und ein ausführliches Feedback und Personalentwicklungsgespräch mit den Verantwortlichen der Personalabteilung.

Das Verfahren wird aktuell ein- bis zweimal jährlich durchgeführt und dabei ab und zu in einzelnen Aspekten verändert, um der internen Weitergabe von Verfahrensinhalten vorzubeugen. Anhand der umfassenden Ergebnisberichte werden alle Verfahren dahingehend ausgewertet, inwieweit die Teilnehmer in ihrer persönlichen Entwicklung den Empfehlungen aus den Potenzialanalysen folgen können und inwieweit vorgeschlagene Personalentwicklungsmaßnahmen und Karriereschritte tatsächlich umgesetzt werden.

Nach mehreren Durchführungen im Verlauf von ca. vier Jahren kann insgesamt ein sehr positives Fazit gezogen werden:

■ Die Auswertung dahingehend, inwieweit Personalentwicklungsempfehlungen umgesetzt wurden und neue Besetzungen von Führungsaufgaben mit Kandidaten aus dem Nachwuchskräftekreis erfolgten, ist sehr positiv. Die Empfehlung zur Übernahme einer Führungsaufgabe wird in der Mehrzahl der Fälle innerhalb von zwei Jahren umgesetzt. Auch die Tatsache, dass nach Durchführung der Potenzialanalyse einzelne Mitarbeiter aus dem Unternehmen ausgeschieden sind, wertet die Personalabteilung als positives Ergebnis. Hierbei handelte es sich um Teilnehmer, die keine Empfehlung für eine Führungsaufgabe erhalten hatten. Vor dem Hintergrund, dass diese Teilnehmer für das Unternehmen nicht die adäquaten Nachwuchsführungskräfte waren, die Teilnehmer selbst diese Perspektive aber nicht aufgeben wollten und für sich selbst neue Chancen in anderen Unternehmen suchten, wertet das Unternehmen dieses Ergebnis als positiv.

- Die Potenzialeinschätzung hat einen sehr guten Ruf im Unternehmen und die Teilnehmer berichten von einem hohen Nutzen der Teilnahme an der Potenzialeinschätzung. Auch die Führungskräfte nehmen gern als Beobachter teil, weil auch sie zwei interessante Tage mit der Beobachtung der Teilnehmer erleben und diesen Beobachtungsprozess, so wie er gestaltet ist, als wertvolles Training für ihre eigene Führungsaufgabe erleben.

- Das Peer-Rating und die Ergebnisse des BIP werden von den Teilnehmern als sehr wertvoll und positiv bewertet. Wir konnten beobachten, dass durch das Kollegenfeedback auch das Beobachterfeedback viel ernster genommen wird und die Teilnehmer sich differenzierter mit dem Gesamtfeedback auseinandersetzen. Die Akzeptanz der Ergebnisse wird durch diesen umfassenden Rückmeldeprozess noch einmal deutlich verbessert.

- Die Videodokumentation wird von den Teilnehmern insgesamt als hilfreich und unterstützend zur Reflexion des Feedbacks und zum Abgleich von Selbst- und Fremdwahrnehmung eingeschätzt. Das Angebot, die Aufzeichnungen noch einmal zu besprechen, wird gerne in Anspruch genommen.

Mit der vorliegenden Potenzialeinschätzung wurde ein Verfahren konzipiert, das insbesondere im Outdoor-Teil eine deutlich erweiterte Beobachterperspektive zur Einschätzung der Motivation und kommunikativen Kompetenzen der Teilnehmer bietet. Der besondere Vorteil liegt darin, dass die Teilnehmer im Rahmen der Outdoor-Situation sehr authentisch agieren und letztendlich ein Stück weit davon abgelenkt werden, dass sie in einer Bewertungssituation sind. Vor diesem Hintergrund kann das hier gezeigte Potenzial mit einer ganz anderen Qualität als im Seminarraum beobachtet und eingeschätzt werden. Insbesondere für das Thema Handlungs- und Umsetzungsorientierung, Einsatzbereitschaft, aber auch Führungsanspruch und Kommunikationsverhalten bieten die Outdoor-Bestandteile eine deutlich erweiterte und verbesserte Beobachtungsgrundlage.

5.1.8 Herausforderungen des Verfahrens

Die besonderen Herausforderungen, die dieses Verfahren stellte, lagen zum einen in der Konzeption und Organisation, die sich aufwendiger gestalteten als bei klassischen Assessment-Center-Verfahren. So mussten für die Gestaltung der Outdoor-Situationen entsprechende Örtlichkeiten gesucht werden. Dabei musste der Anforderung Rechnung getragen werden, dass alle seminartechnischen Ausstattungen für die Durchführung eines klassischen Assessment-Centers genauso gewährleistet waren wie die Möglichkeiten, die Outdoor-Aufgaben im Umfeld des Hotels zu absolvieren.

Eine weitere Herausforderung bestand für die Beobachter darin, im Rahmen der Outdoor-Situation ihre Beobachtungsaufgaben kontinuierlich und verantwortungsvoll wahrzunehmen. Dies erforderte eine stärkere Steuerung durch die begleitenden Moderatoren. Betrachten wir jedoch die Bewertungsergebnisse der Potenzialeinschätzungen, auch im Abgleich mit Selbstbild oder Peer-Rating, sind die Ergebnisse valide und erfüllen die Zielsetzung des Unternehmens in hohem Umfang.

5.2 Das „Leadership in practice" als Potenzialanalyse

Eine weitere Alternative für eine komplexe Potenzialanalyse bietet das sogenannte Führungsplanspiel oder „Leadership in practice". Das Führungsplanspiel ist ein Instrument, das sowohl für Trainingszwecke als auch zur Analyse der Führungskompetenzen von Mitarbeitern eingesetzt werden kann. Neben der Kompetenzanalyse gewährleistet das Führungsplanspiel eine intensive Auseinandersetzung der Teilnehmer mit ihrem eigenen Führungsverhalten. Für den Einsatz des Führungsplanspiels als Potenzialanalyse sollte im Vorfeld genau die Zielsetzung der Potenzialanalyse geklärt werden. Hierbei ist deutlich zu differenzieren, welche Anforderungen im Vordergrund stehen und welches Verhalten bzw. welche Potenziale eingeschätzt werden sollen. Genauso muss abgeglichen werden, ob der diagnostische oder der Lernaspekt in den Vordergrund gerückt wird. Steht der diagnostische Aspekt im Vordergrund, geht es beim Führungsplanspiel insbesondere um die Bewertung der Führungsmotivation und der Führungskompetenz in komplexen Führungssituationen.

Steht der Lernaspekt im Vordergrund, liegt der Fokus auf einem umfassenden Feedback zum gezeigten Verhalten während der Durchführung. Auch wenn im Führungsplanspiel der Fokus auf der diagnostischen Seite liegt, lernen die Teilnehmer durch eine intensive Selbstreflexion und durch die Beobachtung ihrer Teilnehmerkollegen in deren Führungsrolle, da sie deren Führungsverhalten und die Wirksamkeit des Führungshandelns direkt erleben.

Ein wesentliches Kennzeichen des Feedbackprozesses im Führungsplanspiel ist, dass die Teilnehmer hier sowohl ein Feedback von den begleitenden Beobachtern als auch von ihren Planspielmitarbeitern erhalten. D. h., jede Spielrunde, die durch eine Führungskraft gestaltet wurde, schließt mit einer intensiven Feedbackphase aus Sicht des begleitenden Beobachters und der Planspielmitarbeiter ab. Für das Beobachterfeedback hat es sich bewährt, dass die Teilnehmer direkt im Anschluss an die von ihnen als Führungskraft gestaltete Spielrunde ein ausführliches Feedbackgespräch mit den begleitenden Beobachtern erhalten.

Darüber hinaus schätzen sich die Teilnehmer im Rahmen des Führungsplanspiels anhand der vorgegebenen Beobachtungsdimensionen selbst ein. Dies stößt einen sehr konstruktiven Abgleich zwischen Selbst- und Fremdbild und eine vertiefte Selbstreflexion an.

5.2.1 Gestaltung eines Führungsplanspiels als Potenzialanalyse

Zur Gestaltung eines Führungsplanspiels wird ein komplexes Unternehmensszenario entwickelt, in dem alle Teilnehmer als Führungskräfte aktiv handeln. Es können bis zu zwölf Teilnehmer an einem Führungsplanspiel teilnehmen. Durchgeführt haben wir Führungsplanspiele auch schon mit bis zu 18 Teilnehmern. Hier ist allerdings festzuhalten, dass der organisatorische Aufwand bei der Gestaltung einer Potenzialanalyse und die Anzahl der erforderlichen Beobachter bei einer so hohen Teilnehmerzahl sehr hoch werden kann. Dies geht leicht auf Kosten der diagnostischen Qualität.

Grundlegendes Kennzeichen eines Führungsplanspiels im Vergleich zum Assessment-Center ist, dass die Teilnehmer in der Führungsrolle in komplexen, teamorientierten Führungssituationen agieren. D. h., jeder Teilnehmer übernimmt im Verlauf eines Führungsplanspiels für einen Zeitraum von 90 Minuten die Führung eines mindestens vierköpfigen Teams. In dieser Zeit müssen verschiedene inhaltliche Aufgabenstellungen, die unternehmensspezifisch konzipiert werden, gemeinsam mit dem Team erfolgreich bearbeitet werden. Im Führungsplanspiel steht die Beobachtung und Bewertung des gezeigten Führungshandelns im Vordergrund. Darüber hinaus erfolgt aber auch eine Bewertung der vom Team erreichten Arbeitsergebnisse, um ein ausgewogenes Führungshandeln zu erreichen. Zudem wird damit dem Aspekt Rechnung getragen, dass Führungskräfte auch im Alltag volle Ergebnisverantwortung haben.

Die Komplexität des Führungsplanspiels ergibt sich daraus, dass die Führungskräfte hier nicht nur gefordert sind, z. B. mit einem Mitarbeiter ein Gespräch zu führen, sondern unterschiedliche Mitarbeiter in ihrer Persönlichkeit einschätzen, ihnen entsprechende Aufgaben zuordnen und für jeden Mitarbeiter den richtigen Führungsstil finden müssen. Dies kommt der realen Führungssituation deutlich näher als im Assessment-Center, in dem die verschiedenen Situationen nacheinander absolviert werden. Im Führungsplanspiel müssen verschiedenste Führungsanforderungen parallel gemeistert werden.

Ein weiterer Vorteil besteht darin, dass die Teilnehmer aufgrund der Komplexität der Situation sehr schnell davon abgelenkt werden, dass sie in einer simulierten Situation agieren. Alle Teilnehmer berichten aus dem Führungsplanspiel über wichtige persönliche Einsichten hinsichtlich ihres Führungshandelns und wichtige emotionale Aha-Erlebnisse. Die durchgängig bestätigte hohe Vergleichbarkeit mit den Anforderungen im Alltag stellt einen weiteren besonderen Wert des Führungsplanspiels dar.

5.2.2 Vorgehen bei der Konzeption und Realisierung eines Führungsplanspiels als Potenzialanalyse

Vergleichbar mit einem Assessment-Center oder anderen diagnostischen Verfahren steht auch beim Führungsplanspiel am Beginn die konkrete Klärung der Zielsetzung. Wichtig sind u. a. die Fragen: „Welche Informationen können wir aus den Beobachtungen im Führungsplanspiel gewinnen und was wollen wir daraus ableiten?" Ein weiterer wichtiger Schritt ist die Definition des Anforderungsprofils. Besteht ein Kompetenzmodell oder Anforderungsprofil im Unternehmen, ist dies dahingehend zu prüfen, inwieweit die dort aufgezeigten Kompetenzen und Potenzialdimensionen im Führungsplanspiel beobachtet werden können. Aufgaben und Rahmensetting sind daraufhin auszurichten, ebenso werden entsprechende Beobachtungsbögen anhand der Anforderungsdimensionen erarbeitet.

Im Führungsplanspiel können, genauso wie im Assessment-Center, die Führungssituationen und Inhalte sehr eng an die Unternehmensrealität angelehnt werden oder auch ein branchenfremdes Unternehmen abbilden. Die von den Teilnehmern mit ihren Teams zu bearbeitenden einzelnen Aufgabenstellungen können sich mit realen Aufgabenstellungen des Unternehmens, z. B. strategischen und zukunftsorientierten Fragestellungen, die im Unternehmen diskutiert werden, befassen oder auch mit konkreten Anforderungen, die Führungskräfte im Führungsalltag bewältigen müssen. Eine konkret auf das Unternehmen bezogene Fragestellung könnte beispielsweise die Erarbeitung eines Konzepts zur Gewinnung neuer Marktanteile sein. Eine eher auf das Führungshandeln ausgerichtete Aufgabenstellung könnte etwa die Entwicklung eines Gesprächsleitfadens für Feedbackgespräche sein.

Wird ein Führungsplanspiel mit zwölf Teilnehmern gestaltet, bietet sich die Möglichkeit, parallel drei Führungspositionen aus dem Teilnehmerkreis zu besetzen. Die anderen Teilnehmer übernehmen in diesen Zeiten jeweils die Rolle als Mitarbeiter in den einzelnen Teams. Werden drei Führungsrollen besetzt, heißt dies, dass z. B. ein Teilnehmer als Abteilungsleiter und zwei Teilnehmer als Teamleiter agieren. Das Arbeiten mit drei Führungskräften gleichzeitig erlaubt auch die Integration von teamübergreifenden Führungs- und Zusammenarbeits- sowie Kommunikations- und Informationsaspekten. Je nach Zielsetzung kann die Besetzung der Abteilungsleiterrolle ausgelassen werden. Wird diese Rolle besetzt, obliegt dem Abteilungsleiter die Steuerung und Führung der beiden Teamleiter. D. h., er hat kein eigenes Team zu führen.

Der in **Abbildung 5.4** und **Abbildung 5.5** dargestellte Zeitplan verdeutlicht den zeitlichen Ablauf eines Planspiels.

Das „Leadership in practice" als Potenzialanalyse

Abbildung 5.4: Zeitplan des „Leadership in practice" (Teil I)

Führungsplanspiel Ablauf

Tag 1	
08.30 - 09.30	Begrüßung und Einführung in das Planspiel
09.30 - 10.00	Kurze Spielrunde zum Kennenlernen
10.00 - 10.15	Kaffeepause
10.15 - 11.45	1. Spielrunde
11.45 - 12.00	Ausfüllen der Feedbackbögen/Kaffeepause
12.00 - 13.00	Feedbackrunde
13.00 - 14.00	Mittagspause
13.00 - 13.20	Individuelles Feedbackgespräch für die Führungskräfte von Spielrunde I
14.00 - 15.30	2. Spielrunde
15.30 - 15.45	Ausfüllen der Feedbackbögen/Kaffeepause
15.45 - 16.45	Feedbackrunde
16.45 - 17.05	Kaffeepause für „Planspielmitarbeiter" Individuelles Feedbackgespräch für die Führungskräfte von Spielrunde II
17.15 - 18.00	Diskussion kritischer Führungssituationen aus den Planspielrunden und alternativer Vorgehensweisen

Abbildung 5.5: Zeitplan des „Leadership in practice" (Teil II)

Fortsetzung des Führungsplanspiels

Tag 2	
09.00 - 10.30	3. Spielrunde
10.30 - 10.45	Ausfüllen der Feedbackbögen/Kaffeepause
10.45 - 11.45	Feedbackrunde
11.45 - 12.05	Individuelles Feedbackgespräch für die Führungskräfte von Spielrunde III
12.05 - 13.00	Mittagspause
13.00 - 14.30	4. Spielrunde
14.30 - 14.45	Ausfüllen der Feedbackbögen/Kaffeepause
14.45 - 15.45	Feedbackrunde
15.45 - 16.00	Abschlussrunde zum Seminar und Ende des Seminars für die „Planspielmitarbeiter" in dieser Runde
16.00 - 16.20	Individuelles Feedbackgespräch für die Führungskräfte von Spielrunde IV
16.20	Ende der Veranstaltung

Bei der Gestaltung eines Führungsplanspiels mit zwölf Teilnehmern hat jede teilnehmende Führungskraft im Rahmen einer zweitägigen Durchführung einmal die Möglichkeit zur Gestaltung einer 90-minütigen komplexen Führungssituation. In diesen Führungssituationen werden alltägliche Arbeitssituationen im Unternehmen gespiegelt und tatsächliche Mitarbeiteranliegen wie z. B. der Wunsch nach einem Fördergespräch, die mangelnde Motivation eines Mitarbeiters, die Integration neuer Mitarbeiter, die Bewältigung privater Probleme bei Mitarbeitern etc. eingebunden. D. h., im Führungsplanspiel sind die Teilnehmer wie in der Realität gefordert, Mitarbeiter zu motivieren, zu steuern, zu fördern, anzuleiten, zu unterstützen, besondere Anliegen zu klären oder auch Konflikte zu entschärfen sowie real gestellte Aufgaben zu bearbeiten.

Neben der Einschätzung der Führungskompetenz und des Führungspotenzials soll den Teilnehmern im Führungsplanspiel die Gelegenheit gegeben werden,

- Feedback zur eigenen Wirkung und Wirksamkeit ihres Führungshandelns zu bekommen,
- Stärken und Schwächen zu erkennen,
- das eigene Führungsverhalten in konkreten Führungssituationen zu reflektieren und zu optimieren,
- wichtige Erkenntnisse für das persönliche tägliche Führungshandeln zu gewinnen und
- Feedback sowohl aus der Mitarbeiter- als auch aus der externen Beobachterperspektive zu erhalten.

Ziel des Führungsplanspiels als Potenzialeinschätzung ist es, das Führungsverhalten in einer Vielzahl praxisnaher Aufgabenstellungen und kritischer Führungssituationen zu erfassen und den Teilnehmern hierzu ein lern- und entwicklungsorientiertes Feedback zu geben. Im Rahmen der weiteren Entwicklung der Teilnehmer erhalten diese auch für das Führungsplanspiel einen umfassenden Ergebnisbericht, in dem das Verhalten noch einmal beschrieben und hinsichtlich der Stärken und Entwicklungsfelder bewertet wird. Dieser Ergebnisbericht bildet gleichzeitig die Grundlage für weitere Personalentwicklungsmaßnahmen.

Zur Erweiterung des Verfahrens können in das Führungsplanspiel alle bekannten klassischen Bausteine des Assessment-Centers integriert werden. So kann das Führungsplanspiel z. B. mit einer Fallstudie beginnen, in der die Teilnehmer gefordert sind, das Unternehmen, in dem sie später als Führungskraft agieren, anhand spezifisch vorbereiteter Unterlagen zu analysieren und bestimmte strategische Fragestellungen dazu zu bearbeiten. Abgeleitet aus den Situationen im Führungsplanspiel können komplexe Mitarbeitergespräche gestaltet werden, aber auch Präsentationen, z. B. vor der Geschäftsführung/dem Vorstand oder auch vor Kunden.

So erhält man bei einer dreitägigen Gestaltung eines Führungsplanspiels mit Integration von Bausteinen des Assessment-Centers eine sehr komplexe und moderne Potenzialeinschätzung, die weit über das, was das klassische Assessment-Center bietet, hinausgeht.

6 Das Management Audit in der Potenzialanalyse

6.1 Management Audit - ein Überblick

Management Audits als Verfahren zur Performance-, Kompetenz- und Potenzialbeurteilung werden vorzugsweise für die Beurteilung von Kandidaten für bzw. auf höheren Führungs- und Managementpositionen eingesetzt. Auch wenn Management Audits z. T. explizit für Managementpositionen betrieben werden, sollte man die Möglichkeit des Einsatzes für nachgeordnete Führungspositionen und auch andere Positionen wie z. B. Vertriebspositionen prüfen. Sie bieten bei entsprechender Gestaltung auch hier einen großen Nutzen.

Kernbestandteil eines Management Audits ist ein teilstrukturiertes Tiefeninterview. Je nach Zielsetzung wird das Interview durch Fallstudien, Managementsimulationen, Persönlichkeitstests, Präsentationen oder Gesprächssimulationen ergänzt. Die Kombination der eingesetzten Instrumente ist abhängig von der Zielsetzung des Audits und den Anforderungen an den Kandidaten. Basis der Beurteilung ist hier ebenfalls das positionsspezifische Anforderungsprofil bzw. das Kompetenzmodell eines Unternehmens. Im Vordergrund der Beurteilung stehen bei Managementpositionen Persönlichkeits-, Führungs-, Management- und unternehmerische Kompetenzen der Kandidaten.

Management Audits sind Einzelverfahren. Die Dauer eines Audits variiert zwischen drei und sechs Stunden, je nach Gestaltung des Gesamtverfahrens. Sollen mehrere Personen ein Management Audit durchlaufen, können durchaus zwei Verfahren pro Tag von einem Beobachterteam durchgeführt werden. Arbeiten mehrere Beobachterteams parallel, können so auch mehrere Kandidaten am selben Tag beurteilt werden. Die Beurteilung erfolgt bei Audits gemeinsam mit oder auch nur durch externe Berater. Gerade bei hohen Managementpositionen spielt die externe Expertise eine wichtige Rolle. Ein weiterer Grund für eine reine Besetzung der Beobachterposition mit externen Beratern ergibt sich bei hohen Führungspositionen dadurch, dass keine in der Hierarchie übergeordneten Führungskräfte mehr zur Verfügung stehen. Wichtig für valide Ergebnisse ist hier auch eine umfassende Kompetenz im Führen von Tiefeninterviews, die bei internen Führungskräften als Beobachter häufig nicht ausgebildet ist.

Für die Güte der Vorhersage und die Qualität des Verfahrens gelten auch beim Management Audit alle bisher genannten Qualitätskriterien (vgl. Kapitel 4):

- Mehr-Augen-Prinzip,
- Anforderungsanalyse zur positionsspezifischen Gestaltung des Verfahrens und
- Kompetenzsicherung bei den Auditoren.

Zusätzlich sind beim Management Audit die Standardisierung der Interviews und die Qualität der Interviewführung wesentlich für den Erfolg.

6.2 Wozu dient das Management Audit?

Die optimale Passung zwischen Person und Position steht auch beim Management Audit im Vordergrund. Laut einer Studie kommt das Management Audit vor allem in der Potenzialdiagnose, Standortbestimmung, Managemententwicklung und Selektion zum Einsatz (vgl. Runde, B. (2005). Subjektive Erfolgstheorien von Management Audits).

Die spezifischen Zielsetzungen, mit denen Unternehmen Audits durchführen, sind vielfältig:

- Überprüfung, ob zur erfolgreichen Umsetzung der Unternehmensstrategie das nötige Potenzial in der eigenen Führungsriege vorhanden ist,
- Erstellung bzw. Aktualisierung eines detaillierten Mitarbeiterportfolios über die Kompetenzen und Potenziale der Führungskräfte,
- Identifizierung von Leistungsträgern und -multiplikatoren im Unternehmen,
- Standortbestimmung und Potenzialeinschätzung mit Rückmeldung von Leistungsfeldern und Wachstumsbereichen in Relation zu den Anforderungen der jeweiligen Zielposition,

- Bestätigung von Führungskräften in ihrer derzeitigen Position,
- Identifizierung der gestaltenden und treibenden Kräfte für anstehende Veränderungsprozesse,
- Aufbau von Nachfolgeplanungen und Auditierung der hierfür in Frage kommenden Nachwuchskräfte,
- Klärung klassischer Platzierungsfragen, sowohl intern als auch extern für hochrangige Managerpositionen,
- Entscheidung über Besetzungsfragen im Rahmen von Fusionen und Unternehmensübernahmen (z. B. wer bei Abteilungszusammenlegungen die Führungsposition übernimmt),
- Ableitung individualisierter Qualifizierungs- und Entwicklungsmaßnahmen aus der Potenzialanalyse und
- Feedback an das Management zur Einschätzung und dem Erleben von Unternehmens- und Führungskultur durch die Teilnehmer.

Die Vielfalt der oben aufgeführten Zielsetzungen macht deutlich, dass ein Management Audit zu vielen unternehmerischen Fragestellungen einen Mehrwert liefert. Es bietet sich besonders an, um für spezifische Fragestellungen Leistungsträger zu identifizieren, die für das Unternehmen grundsätzlich oder für besondere Aufgaben von hoher Bedeutung sind und einen erheblichen Mehrwert schaffen. Vor diesem Hintergrund kann es für Ihr Unternehmen unter Umständen auch sinnvoll sein, besonders herausragende Fachkräfte im Rahmen eines Management Audits auf ihre Potenziale hin zu beurteilen.

6.3 Mit wem Sie Management Audits durchführen können

Unternehmen nutzen Management Audits insbesondere für die erste und zweite Führungsebene, denn häufig will man mit dieser Personengruppe kein Assessment-Center mehr durchführen. Es erscheint nicht angemessen oder man will eine klare Abgrenzung zu anderen Führungsebenen, die z. B. mit einem Assessment-Center beurteilt werden. Darüber hinaus wählen Unternehmen das Audit auch für eine erneute Potenzialeinschätzung von Führungskräften, die in der Vergangenheit bereits ein Assessment-Center durchlaufen haben. Sie sollen nicht noch einmal dasselbe Verfahren absolvieren. Auch der zeitliche Aufwand für ein Assessment-Center erscheint häufig zu hoch, weshalb Unternehmen die kompakte Gestaltung eines Management Audits vorziehen. Haben Unternehmen und ihre Mitarbeiter noch keine Erfahrung mit Beurteilungsverfahren, scheint das beim Management Audit im Vordergrund stehende Tiefeninterview für die Teilnehmer ein akzeptabler Einstieg in das Thema Beurteilungsverfahren zu sein.

Audits für unterschiedliche Zielgruppen, z. B. Vertrieb oder auch bedeutsame Fachpositionen, sind dann sinnvoll, wenn die zu erfassenden Anforderungen in hohem Maße den Aspekt des Wollens, also der Motivation und Einstellung, betreffen. Hier können durch das vertiefende Interview wichtige Informationen gewonnen werden, die für die Beurteilung der zukünftigen Leistungsfähigkeit des Einzelnen oder des Bereichs einen großen Mehrwert bieten.

6.4 Bestandteile des Management Audits

6.4.1 Tiefenorientiertes Interview

Das Interview als zentrale Methode im Management Audit liefert besonders aufgrund seiner Ausführlichkeit und Tiefe der Fragen detaillierte Informationen zu den Kompetenzen, Erfahrungen, Werten, Einstellungen und Verhaltensweisen einer Person. Unserer Erfahrung nach liegt der besondere Vorteil des Interviews in dessen hoher Flexibilität: Sich als wichtig herausstellende Themen können spontan vertieft, Aussagen kritisch hinterfragt und Meinungen reflektiert werden. Auf diese Weise erhält der Interviewer ein sehr fundiertes Bild von dem Kandidaten.

Zu welchen Themenbereichen Fragen gestellt werden, hängt in hohem Maße vom Anforderungsprofil der Position und den zu erfassenden Kompetenzen ab.

In **Abbildung 6.1** und **Abbildung 6.2** haben wir exemplarisch dargestellt, zu welchen Anforderungsmerkmalen Fragen entwickelt werden können, um die entsprechenden Kompetenzen zu erfassen.

Informationen zu den einzelnen Themen erhalten Sie z. B. aus Schilderungen des Kandidaten zu:

- seiner Sicht des Unternehmens und der Unternehmenssituation (Strategien, Stärken und Schwächen, Handlungsfelder),
- seiner Haltung und Meinung zu aktuellen unternehmerischen Prozessen,
- seinem beruflichen Werdegang und
- seinen Motiven, Werten und Prioritäten für die eigene Aufgabenwahrnehmung und das Führungshandeln.

Abbildung 6.1: Exemplarische Interviewinhalte zur Erfassung beispielhafter Kompetenzen (Teil I)

Themen für das vertiefende Interview entsprechend den Anforderungen

Strategische Kompetenz	Veränderungskompetenz	Führungskompetenz
·Markt- und Produktkenntnis	·Innovationsfähigkeit	·Charisma, Begeisterungsfähigkeit
·Orientierung an Markt- und Wettbewerbsdynamik	·Durchstehvermögen	·Mitarbeiterkenntnis
·Sensitivität für Trends und Marktchancen	·Frustrationstoleranz	·Zielorientiertes Teammanagement
·Haupterfolgsfaktoren	·Anreizsysteme	·Führen über Ziele
·Prioritäten setzen	·Kritische Auseinandersetzung mit dem „Ist"	·Delegation von Verantwortung
·Prozessdenken	·Veränderungsenergie/-impulse	·Ergebniskontrolle und konstruktives Feedback
·Kenntnis der best practices	·Umgang mit Unsicherheit	·Sicherstellen eines effizienten Informationsflusses
·Formulierung klarer Zukunftsperspektiven	·Veränderungsprozesse antreiben	·Überzeugungs- und Motivationskraft
·Loyalität zur Marke	·Risikobereitschaft	·Mitarbeiterförderung und Unterstützung
	·Pragmatismus und Mut zur Lücke	·Regelkommunikation
	·Bereitschaft/Fähigkeit für Experimente	

Abbildung 6.2: Exemplarische Interviewinhalte zur Erfassung beispielhafter Kompetenzen (Teil II)

Themen für das vertiefende Interview entsprechend den Anforderungen II

Persönliche Kompetenz	Unternehmerische Kompetenz
•Kommunikationsfähigkeiten •Glaubwürdigkeit •Loyalität, Zuverlässigkeit •Persönliche Authentizität •Überzeugende Dialogkompetenz •Berechenbarkeit •Aufbau von Netzwerken	•Zielorientierung, konsequentes Handeln •Kostenbewusstsein •Aktives Controlling •Ergebnisorientierung (Qualität/Zeit/Kosten) •G&V Know-how •Unternehmerisches Denken •Produktivitäts- und Leistungsorientierung •Persönlicher Wertschöpfungsbeitrag •Durchsetzungsvermögen

Neben dem Blick auf unternehmerische Aspekte liefert die Biografie eines Kandidaten viele Anhaltspunkte, um etwas über sein Wissen und Wollen zu erfahren. Neben wichtigen Erfahrungen, Erfolgen und Misserfolgen können zentrale erlernte Fähigkeiten thematisiert werden. Dabei bieten die Darstellungen des Kandidaten die Grundlage für vertiefende Fragen des Interviewers, die die Motivation und die hinter den Aussagen liegenden Werte oder Einstellungen beleuchten und auch die Selbstreflexion der Person anregen. Kennt der Kandidat seine Motivationen, die bei wichtigen Entscheidungen eine Rolle spielen? Was hat er aus Misserfolgen gelernt? Auch kann überprüft werden, wie der Kandidat seine eigene Persönlichkeit beurteilt. Verfügt er über eine realistische Einschätzung seiner Fähigkeiten? Inwiefern ist er sich der Außenwirkung bestimmter Eigenschaften, z. B. Dominanz, bewusst? Wird das Management Audit durch einen Persönlichkeitsfragebogen ergänzt, können darüber hinaus Ergebnisse aus dem Fragebogen mit den Aussagen des Kandidaten abgeglichen werden. Hier bieten sich sehr gute Anhaltspunkte für eine deutliche Vertiefung des Interviews. Um individuelle Ziele und geplante Strategien der Zielerreichung zu erfragen, bietet der Blick auf die persönliche und berufliche Zukunft gute Möglichkeiten.

Als Interviewer ist es wichtig, in Gesprächen zwischen offenen Fragen und situativen Fragen zu wechseln. Mit der ersten Form werden die Erkenntnisse über den Kandidaten erweitert, mit situativen Fragen können Sie sich das potenzielle Verhalten einer Person in einer erlebten oder vorgestellten Situation schildern lassen. Um mehr über die Person und deren Vorstellungen und Meinungen zu erfahren, bieten sich zudem auch Entscheidungsfragen, Präferenzaussagen und zu bestätigende oder abzulehnende Hypothesen an.

Die Qualität der Informationen, die Sie mit einem Interview erfassen, hängt in hohem Maße von der Struktur und Systematik im Vorgehen und von der Fragetechnik ab. Das freie Interview, für das keine festen Fragen oder Themen, zu denen gefragt werden soll, definiert werden, ist für das tiefenorientierte Interview wenig geeignet. Hier kann nicht sichergestellt werden, dass wirklich alle wichtigen Anforderungen abgefragt werden. Viel wichtiger ist aber noch, dass mit einem freien Vorgehen so gut wie keine Vergleichbarkeit von verschiedenen Kandidaten gegeben ist. Bei jedem Kandidaten entwickelt sich das Gespräch in eine andere Richtung, so dass jeder Person andere Fragen gestellt werden. Die Antworten sind dann nicht mehr miteinander vergleichbar.

Struktur und Vergleichbarkeit erreichen Sie nur über zumindest teilstrukturierte Interviewleitfäden. Zu den einzelnen Kompetenzfeldern werden hier Leitfragen formuliert, die vom Interviewer situativ variiert werden. Verfügt der Interviewleitfaden wie in **Abbildungen 6.3** und **6.4** über verhaltensorientierte Bewertungsmöglichkeiten, wird dem Interviewer die Beurteilung der Aussagen erleichtert. Die Verhaltensanker, die zur Beschreibung einer Kompetenz aufgeführt sind, bieten darüber hinaus Anhaltspunkte für weitere Vertiefungen. Über den Leitfaden wird sichergestellt, dass alle Kompetenzfelder für alle Kandidaten vergleichbar erfasst werden. Die direkte Beurteilung der Verhaltensanker verhindert Verzerrungen der Ergebnisse durch fehlende oder falsche Erinnerung am Ende des Interviews. Dabei kann es sinnvoll sein, die reine Skaleneinschätzung eines Verhaltensankers durch qualitative Aussagen zu ergänzen, z. B. wenn der Interviewer den gegebenen Wert durch eine Aussage des Kandidaten veranschaulichen will. Sowohl für das Rückmeldegespräch als auch für einen Ergebnisbericht bieten die Aussagen einen Mehrwert, weil sie dem Kandidaten helfen, das Feedback besser nachzuvollziehen.

Interviewleitfäden bieten darüber hinaus auch den Vorteil, dass die Interviews, die teilweise von unterschiedlichen Interviewern mit vielen verschiedenen Kandidaten geführt werden, so standardisiert wie möglich verlaufen, wenngleich eine gewisse Flexibilität erhalten bleibt. Die Standardisierung spielt vor dem Hintergrund der Vergleichbarkeit der Ergebnisse verschiedener Personen miteinander eine wesentliche Rolle im Management Audit. Der Einfluss der Persönlichkeit des Interviewers auf das Ergebnis, z. B. durch individuelle Fragenpräferenzen, wird zudem durch die vorgegebene Struktur der Interviews verringert, was wiederum die Objektivität der Ergebnisse erhöht. **Abbildung 6.3** und **Abbildung 6.4** geben ein Beispiel für einen Interviewleitfaden mit integrierter Beurteilungsmöglichkeit.

Abbildung 6.3: Beispiel für einen Interviewleitfaden mit integrierter Beobachtungsskala (Teil I)

Unternehmerisches und strategisches Denken

1. Was bedeutet für Sie strategisches Denken und Handeln? Bitte beschreiben Sie Beispiele aus Ihrem beruflichen Alltag.

2. Welche strategischen Herausforderungen und Ziele sehen Sie für das Unternehmen, für Ihren Verantwortungsbereich?

3. Welche Ableitungen treffen Sie für Ihren Verantwortungsbereich aus den Unternehmenszielen?

4. Wenn Sie völlig frei entscheiden könnten: Welche kurzfristigen unternehmerischen Entscheidungen würden Sie für Ihr Unternehmen treffen? Was wollen Sie damit erreichen?

Abbildung 6.4: Beispiel für einen Interviewleitfaden mit integrierter Beobachtungsskala (Teil II)

Unternehmerisches und strategisches Denken II

- nennt Beispiele zu strategischem und zielorientiertem Denken
- überträgt die Unternehmensziele und Herausforderungen auf seinen Verantwortungsbereich
- ist bereit, zur Zielerreichung besondere Kräfte zu mobilisieren
- denkt und agiert chancen- und nicht problemorientiert
- berücksichtigt langfristige Nutzenaspekte und Folgen für das Unternehmen
- denkt zielgerichtet und ergebnisorientiert
- betrachtet Problem- und Handlungsfelder ganzheitlich
- hat Gestaltungsideen für den eigenen Einflussbereich und das Gesamtunternehmen

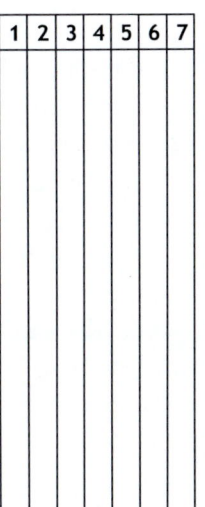

Hinsichtlich der Stimmung, in der die Interviews stattfinden, gibt es verschiedene Varianten, die wir nur kurz anreißen wollen. Selbstverständlich ist eine ruhige und vertrauensvolle, offen-zugewandte Stimmung die beste Voraussetzung dafür, dass ein Kandidat wirklich etwas von sich preisgibt. Dieses Vorgehen sollte aus unserer Sicht immer die erste Wahl sein, wenn nicht besondere Herausforderungen der Position dafür sprechen, schon durch die Gestaltung des Interviews die Passung einer Person zu diesen Anforderungen zu überprüfen. So können Interviews natürlich auch scharf und stressauslösend geführt werden, z. B. indem der Kandidat mit Negativaussagen zu seiner Person konfrontiert oder provoziert wird. Selbst ein sehr nachhaltiges Nachfragen in Situationen, in denen ein Kandidat ausweichend antwortet, kann beim Kandidaten ein Gefühl des „In-die-Ecke-gedrängt-Seins" auslösen. Manche Unternehmen möchten mit dieser Gestaltung eines Interviews die Standfestigkeit und Stressresistenz der Kandidaten überprüfen. Wübbelmann meint hierzu, dass jeder Interviewer in Abstimmung mit dem Auftraggeber selbst den passenden

Weg zwischen „Einladung zur Selbstpräsentation" und „Verhör" wählen muss. Wir empfehlen, sorgfältig zu prüfen, ob ein Stressinterview wirklich den gewünschten Mehrwert bietet.

6.4.2 Erweiterung des Management Audits um situative Elemente

Selbstverständlich kann das tiefenorientierte Interview durch situative Elemente ergänzt werden. Sie bieten die Möglichkeit, die Kompetenzbehauptungen des Kandidaten anhand seines realen Verhaltens zu überprüfen. Wir erleben häufiger, dass Kandidaten in ihren Ausführungen viele Fähigkeiten für sich beanspruchen. Leider können nicht alle Kandidaten diese auch im realen Handeln unter Beweis stellen. Je nach den Anforderungen können hier – wie beim Assessment-Center – Fallstudien, Simulationen, Rollenspiele und Präsentationen eingesetzt und entsprechend dem Anforderungsprofil gestaltet werden (vgl. Kapitel 4). Der Einsatz eines Persönlichkeitsprofils ist besonders dann sinnvoll, wenn Sie hinsichtlich des Selbstbildes sowie der tiefliegenden Motivationen und Werte einer Person noch verifizierende Informationen in Ergänzung zu dem Interview aus dem Profil generieren möchten.

6.5 Von der Planung zur Realisierung - worauf Sie achten sollten

Ein Management Audit muss vor seiner Durchführung ebenso geplant, konzipiert und vorbereitet werden wie alle anderen Potenzialanalysen. Insbesondere seien hier noch einmal erwähnt:

- *Erstellung der Materialien*: Hauptaugenmerk der Materialvorbereitung ist der Interviewleitfaden, der entweder separat zum Beobachtungsbogen oder als ein gemeinsames Dokument erstellt wird. Der Qualität und Passgenauigkeit der Fragen kommt vor dem Hintergrund aussagekräftiger Antworten eine besondere Bedeutung zu. Die Verhaltensanker zur Beurteilung der Aussagen und des Verhaltens lassen sich wiederum gut aus der Anforderungsanalyse generieren (vgl. Kapitel 3). Auch hier müssen Sie für die Beurteilung der Kompetenzen eine Beurteilungsskala festlegen. Entsprechend der Gesamtkonzeption müssen die Teilnehmerunterlagen für weitere Bausteine (Situationssimulationen) sowie Informationen für Beobachter erstellt werden.

- *Schulung der Auditoren:* Auch beim Audit kommt der Schulung der Auditoren, wenn Sie mit internen Beobachtern arbeiten, eine besondere Bedeutung zu. Neben den klassischen Themen, wie z. B. gleiches Kompetenzverständnis (vgl. hierzu auch Kapitel 2), geht es in der Schulung insbesondere auch um die Interviewtechnik und die kommunikativen Fähigkeiten der Auditoren.

- *Zeitplanung:* Erstellen Sie für jeden Kandidaten und jedes Beobachterteam einen eigenen Zeitplan. Wenn Sie mehrere Durchführungen parallel laufen lassen und die Teilnahme der Kandidaten an dem Audit nicht im Unternehmen bekannt werden soll, sollte die Zeitplanung dieser Anonymität Rechnung tragen, z. B. dadurch, dass keine gemeinsamen Wartezeiten entstehen bzw. sich die Teilnehmer nicht zufällig über den Weg laufen.

- *Einladung der Teilnehmer:* Die Anzahl der zur Verfügung stehenden Beobachterteams entscheidet über die Anzahl der zu einem Termin eingeladenen Teilnehmer. Die Kandidaten sollten mit der Einladung Informationen bekommen, was sie beim Audit erwartet.

Ein exemplarischer Ablaufplan eines Management Audits für zwei Teilnehmer, die nacheinander das Audit durchlaufen, ist in **Abbildung 6.5** und **Abbildung 6.6** dargestellt.

Abbildung 6.5: Exemplarischer Zeitplan für ein Management Audit (Teil I)

Eintägige Durchführung mit zwei Teilnehmern und einem Beobachterteam

Uhrzeit	Inhalt
Teilnehmer 1	
09.00 - 11.00	Interview
11.00 - 11.10	*Pause*
11.10 - 11.25	Teilnehmer: Vorbereitung Aufgabe 1
	Beurteiler: Ergebnisauswertung Interview
11.25 - 11.45	Durchführung Aufgabe 1, Mitarbeitergespräch
11.45 - 12.05	*Pause*
12.05 - 12.20	Teilnehmer: Vorbereitung Aufgabe 2
	Beurteiler: Ergebnisauswertung Aufgabe 1
12.20 - 12.40	Durchführung Aufgabe 2, Kundengespräch
12.40 - 13.15	Beurteiler: Ergebnisauswertung Aufgabe 2, Abstimmung für Rückmeldung
13.15 - 13.40	Kurz-Feedback und Verabschiedung Teilnehmer 1
13.40 - 14.00	*Pause Beobachter*

Abbildung 6.6: Exemplarischer Zeitplan für ein Management Audit (Teil II)

Eintägige Durchführung mit zwei Teilnehmern und einem Beobachterteam II

Uhrzeit	Inhalt
Teilnehmer 2	
14.00 - 16.00	Interview
16.00 - 16.10	*Pause*
16.10 - 16.25	Teilnehmer: Vorbereitung Aufgabe 1
	Beurteiler: Ergebnisauswertung Interview
16.25 - 16.45	Durchführung Aufgabe 1, Mitarbeitergespräch
16.45 - 17.05	*Pause*
17.05 - 17.20	Teilnehmer: Vorbereitung Aufgabe 2
	Beurteiler: Ergebnisauswertung Aufgabe 1
17.20 - 17.40	Durchführung Aufgabe 2, Kundengespräch
17.40 - 18.15	Beurteiler: Ergebnisauswertung Aufgabe 2, Abstimmung für Rückmeldung
18.15 - 18.40	Kurz-Feedback und Verabschiedung Teilnehmer 2
Ende	

6.6 Die Ergebnisdokumentation als Entscheidungsgrundlage

Bereits in der Planungsphase des Management Audits sollten Sie klären, wie Sie mit den gewonnenen Ergebnissen verfahren wollen:

- Wie werden die Ergebnisse dokumentiert?

    Ein Ergebnisprofil (vgl. **Abbildung 6.9**) ermöglicht auf einen Blick Aussagen zu Stärken und Lernfeldern eines Kandidaten. In einem Ergebnisbericht (vgl. **Abbildung 6.7**) können differenziertere Rückmeldungen erfolgen sowie Entwicklungsempfehlungen ausgesprochen werden.

Abbildung 6.7: Auszug aus einem Ergebnisbericht zu einem Management Audit

Exemplarische Beschreibung der Stärken, Verbesserungsfelder & Empfehlungen

Stärken
- Verfügt über eine hohe Motivation und Leistungsorientierung bei der Aufgabenerfüllung
- ...
- Zeigt im Führungsverhalten eine deutliche Mitarbeiterorientierung, ohne Steuerung und Ergebnisorientierung zu vernachlässigen

Verbesserungsfelder
- Neigt dazu, seine eigenen Ansprüche zu stark auf die Mitarbeiter zu übertragen
- ...
- Sein betriebswirtschaftliches Know-how ist vor dem Hintergrund seiner technischen Ausbildung und seines Werdegangs auf Basiswissen beschränkt

Empfehlung

Herr X erfüllt Aufgaben und Verantwortung seiner aktuellen Position in sehr gutem Umfang. Er verfügt über die notwendige Einsatzbereitschaft und das Potenzial weiterführende Positionen kurzfristig zu übernehmen. Hierfür sollte er vorab bei der Vertiefung seiner betriebswirtschaftlichen Kenntnisse, ..., sowie der Erweiterung seine Führungskompetenzen unterstützt werden.

■ Wann erfolgt welches Feedback in welcher Form?

Das Feedback kann sowohl direkt im Anschluss an das Audit als auch zeitversetzt gegeben werden. In diesem Fall kann der erstellte Bericht die Grundlage der Rückmeldung bilden, andernfalls muss das Profil ausreichen, um dem Kandidaten seine Stärken und Schwächen aufzuzeigen und Empfehlungen auszusprechen. Jeder Kandidat sollte einen individuellen Bericht erhalten, um sich auch noch zu einem späteren Zeitpunkt mit dem Feedback auseinandersetzen zu können. Die Berichte können zudem als Basis für weitere Förder-/Karriere- und Entwicklungsgespräche genutzt werden.

■ An wen werden die Ergebnisse in welcher Form kommuniziert?

Bei der Auswahl von externen Bewerbern ist die Frage unkritisch, bei internen Standortbestimmungen, Potenzialanalysen oder Beförderungsfragen ist es für die Akzeptanz des Verfahrens wichtig, dass offen und transparent kommuniziert wird, wer Einblick in die Ergebnisse erhält. Neben dem ausführenden Bereich Personal/Personalentwicklung wird ggf. die Geschäftsführung oder der Vorstand ein berechtigtes Interesse an den Ergebnissen haben. Dies hängt vor allem von der Zielsetzung Ihres Management Audits ab. Sollen z. B. alle Führungskräfte oder die einer bestimmten Ebene hinsichtlich ihres Potenzials für einen Strategiewechsel eingeschätzt werden, sind die Ergebnisse wichtig für die Geschäftsführung. Neben den individuellen Ergebnissen bietet sich hier ein Management Portfolio (vgl. **Abbildung 6.8**) an. Es gibt einen schnellen Überblick und eine gute Basis für alle weiteren Entscheidungen und Überlegungen. Es lassen sich z. B. bei der Betrachtung einzelner Zielgruppen wichtige Schlüsse hinsichtlich Leistungsorientierung sowie notwendiger Maßnahmen ziehen.

Abbildung 6.8: Exemplarisches Portfolio zur Darstellung der Ergebnisse der Teilnehmer: Beurteilung hinsichtlich Veränderungsbereitschaft und Leistungsorientierung

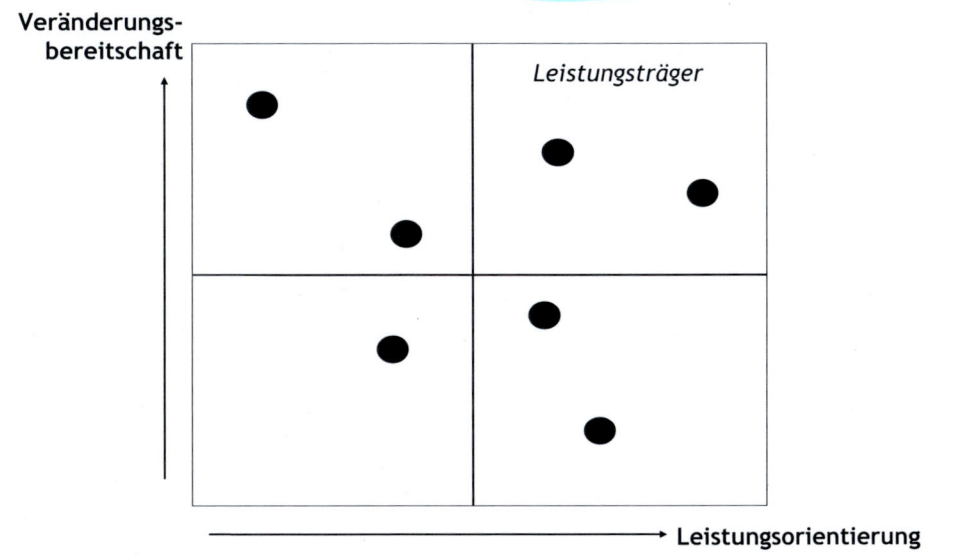

- **Wofür werden die Ergebnisse verwendet?**

Es ist wichtig, dass nach Beendigung des Verfahrens die Ergebnisse so genutzt werden, wie es in der Zielsetzung des Verfahrens vorgesehen war. Sowohl der Verwendungszweck als auch das geplante Vorgehen im Nachgang zum Audit sollten vor dem Hintergrund der Akzeptanz und Glaubwürdigkeit des Verfahrens nicht mehr nachträglich geändert werden. Soll z. B. ausschließlich das Potenzial erhoben werden, darf es im Nachgang keine Repressalien für die Nicht-Potenzialträger geben. Wurde individuelle Weiterentwicklung zugesagt, sollten die Ergebnisse auch hierfür genutzt werden.

Wenn aufgrund der Ergebnisse Besetzungsentscheidungen erfolgen sollen, kann die Transparenz der Entscheidung durch einen Abgleich von Soll- und Ist-Profil erhöht werden, wie in der nachfolgenden Abbildung dargestellt.

Abbildung 6.9: Exemplarisches Ergebnisprofil mit Soll/Ist-Vergleich

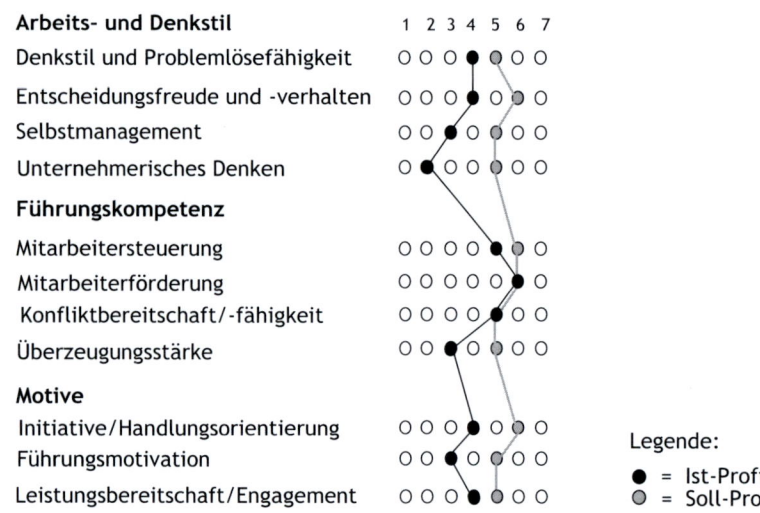

6.7 Praxisbeispiel: Unternehmensspezifische Konstruktion eines Management Audits zur Besetzung hoher Führungspositionen

Den Nutzen und Einsatz von Management Audits verdeutlicht nachfolgend vorgestelltes Beispiel.

In einer großen Unternehmensberatung wurden auch recht hohe Führungspositionen ohne klar definierte und kommunizierte Kompetenzanforderungen besetzt. Beförderungen erfolgten zu einem großen Teil aufgrund der Berufserfahrung und der Unternehmenszugehörigkeit der Mitarbeiter. Ein weiterer Grund war zudem, dass erfahrene Berater mit wichtigen Kundenbeziehungen nicht verloren, sondern an das Unternehmen gebunden werden sollten. In der Wahrnehmung der Mitarbeiter etablierte sich dadurch fast so etwas wie ein „Gewohnheitsrecht" auf eine Beförderung. Durch diese Beförderungsgestaltung wurden im Laufe der

Zeit nicht nur zu viele hierarchisch hohe Führungspositionen besetzt. Gravierender war sicher, dass nicht alle Positionsinhaber die mit der Position verbundene Führungs- und Vertriebsverantwortung in vollem Umfang erfüllen konnten.

Um die Laufbahngestaltung im Unternehmen neu auszurichten, suchte das Unternehmen externe Unterstützung. Angestoßen wurde ein umfassender Prozess der Neuausrichtung. Einen wichtigen Baustein im Gesamtprozess der neuen „Laufbahngestaltung" bildeten die Management Audits. Der Gesamtprozess umfasste verschieden Aspekte. In Zusammenhang mit der Etablierung der Management Audits standen dabei u. a. folgende Schritte:

- Überarbeitung und Neuausrichtung des Karrieremodells und der hierarchischen Stufen im Unternehmen,
- Entwicklung eines Anforderungsmodells mit hierarchiestufenbezogenen Kompetenzbeschreibungen,
- Etablierung von Beförderungszyklen,
- Entwicklung eines Management Audits zur kompetenzorientierten Besetzung der zweiten Führungsebene unter den Partnern und
- Neuausrichtung der Jahresbeurteilung und Etablierung einer Projektbeurteilung.

Ein wichtiges Ziel dieser Schritte war, im Unternehmen klare Prozesse und Anforderungen für die Beförderung in bestimmte Positionen zu etablieren. Besetzungsentscheidungen für die zweite Führungsebene unter den Partnern erfolgten unterstützt durch ein Management Audit. Für nachgeordnete Ebenen wurde zur Unterstützung von Besetzungsentscheidungen die Jahresbeurteilung ebenfalls am Kompetenzmodell ausgerichtet und eine zusätzliche Projektbeurteilung eingeführt. Für beide Verfahren wurde eine klare Verbindlichkeit für die Durchführung etabliert. Damit lagen auch für alle nachgeordneten Ebenen klare, leistungsbezogene Informationen für Besetzungsentscheidungen vor. Alle Besetzungsentscheidungen wurden zusätzlich durch ein Entscheidergremium geprüft und endgültig entschieden.

Basis des Management Audits bildete das Kompetenzmodell. Dies wurde von den Partnern und Senior-Partnern in einem Anforderungsanalyse-Workshop erarbeitet. Dabei war es für das Unternehmen von Bedeutung, für die einzelnen Führungsebenen genau zu beschreiben, wie eine Kompetenz ausgeprägt sein musste und worin der Unterschied in den Kompetenzanforderungen zur nächsthöheren Ebene lag.

Auf der Basis der Kompetenzanforderungen für die Ebene der Zielpositionen und den ebenfalls in der Anforderungsanalyse erarbeiteten erfolgskritischen Situationen für diese Führungsebene wurde das Management Audit entwickelt. Es umfasste drei Bausteine:

- **Teilstrukturiertes Interview**

    Alle Kompetenzen wurden im Rahmen des teilstrukturierten Interviews abgefragt. Interviewer waren ein Partner/Senior-Partner des Unternehmens und ein externer Berater. Bei dieser Rollenteilung trug der externe Berater die Verantwortung dafür, dass alle Kompetenzen ausführlich mit den Kandidaten besprochen wurden, um vergleichbare Eindrücke von den Kandidaten zu gewinnen. Der interne Interviewer hatte die Verantwortung, die Antworten der Kandidaten mit unternehmensinternen Besonderheiten und Realitäten abzugleichen und zusätzlich unternehmensspezifische Fragen zu vertiefen.

- **Kundengespräch**

    In der Kundensituation mussten die Kandidaten ein Gespräch mit einem Kunden führen, der mit der erbrachten Leistung des Unternehmens, aber insbesondere mit der eines Mitarbeiters, nicht zufrieden war. Ziel war es, den Kunden zu halten und ihm zu vermitteln, dass er sich darauf verlassen kann, dass zukünftig alle Leistungen zu seiner Zufriedenheit erbracht werden, obwohl der besonders kritisch aufgefallene Mitarbeiter aus Kapazitätsgründen nicht aus dem Projekt genommen werden kann. Um die Kundensituation authentisch zu gestalten, wurde die Kundenrolle von den internen Beobachtern übernommen. Die Situationsgestaltung und der Schwierigkeitsgrad wurden im Vorfeld genau abgestimmt, um die Kandidaten mit vergleichbaren Situationen zu konfrontieren.

■ Führungssituation

Die Führungssituation baute auf der Kundensituation auf. Die Kandidaten waren gefordert, mit dem Mitarbeiter, über den sich der Kunde in der vorhergehenden Situation beschwert hatte, ein kritisches, leistungsbezogenes Feedbackgespräch zu führen und ihn zu einer deutlichen Leistungs- und Verhaltensänderung zu bewegen. In dieser Situation übernahm der externe Berater zusätzlich zu seinen Beobachtungsaufgaben die Aufgabe als Rollenspieler. Auch hier wurde dadurch gewährleistet, dass die Kandidaten hinsichtlich des Schwierigkeitsgrads mit vergleichbar gestalteten Situationen konfrontiert wurden.

Im Audit erfolgte nach jeder Beobachtungssituation eine Besprechung der Beobachtungsergebnisse zwischen den beiden Beobachtern. Am Ende des Audits wurde ein Gesamtergebnisprofil für die Kandidaten erstellt und eine Empfehlung dazu gegeben, ob der Kandidat befördert werden sollte oder nicht. Diese Empfehlung wurde gemeinsam mit einem kurzen Ergebnisbericht an das Entscheidergremium gegeben. Die internen Beobachter kommunizierten darüber hinaus noch einmal die wesentlichen Eindrücke zu den Kandidaten an das Gremium, das daraufhin eine Entscheidung traf.

Kandidaten, die nicht befördert wurden, erhielten konkrete Entwicklungsempfehlungen zum Ausbau ihres Kompetenzspektrums. Ihnen wurde die Gelegenheit geboten, nach ca. zwei Jahren erneut an einem Auswahlprozess teilzunehmen. Für die erneute Teilnahme wurde das Audit dann umgestaltet. Das Interview wurde durch eine Selbstpräsentation zu wichtigen, unternehmens- und führungsbezogenen sowie wirtschaftlichen Fragen ersetzt. Die Kunden- und die Führungssituationen wurden inhaltlich neu gestaltet, um die Kandidaten mit veränderten Anforderungen zu konfrontieren.

Mit den umgesetzten Maßnahmen hat das Unternehmen für sich eine deutlich verbesserte Transparenz in Beförderungsfragen etabliert. Sowohl Mitarbeiter als auch Führungskräfte wissen jetzt genau, welche Erwartungen mit den unterschiedlichen Führungsebenen im Unternehmen verbunden sind. Besetzungsentscheidungen werden klar leistungsbezogen getroffen. Mit der Neuorganisation war für die Mitarbeiter und Führungskräfte auch ein Lernprozess verbunden, der das Unternehmen aber insgesamt besser auf aktuelle und zukünftige Markt- und Wettbewerbanforderungen ausrichtete.

7 Mehrwert innovativer Persönlichkeitstests in der Potenzialdiagnostik

Im Rahmen der Potenzialdiagnostik stellt sich immer wieder die Frage, ob und inwieweit Persönlichkeitsfragebögen oder -tests einen deutlichen Mehrwert zu anderen Potenzialanalyseinstrumenten bieten können. Persönlichkeitsfragebögen bzw. -tests liefern je nach eingesetztem Verfahren Informationen zu den Kandidaten, die über eine Verhaltensbeobachtung im Assessment-Center oder Audit und den Informationsgewinn aus Interviews oder anderen Feedbackinstrumenten nicht gewonnen werden können. Wichtig ist, dabei zu bedenken, dass es maßgeblich von dem eingesetzten Verfahren abhängt, wie hoch der Mehrwert für die Potenzialaussage ist. Nicht jedes Verfahren bietet für Platzierungsfragen geeignete Informationen.

Wenn Sie beginnen, sich mit Persönlichkeitsfragebögen auseinanderzusetzen, werden Sie schnell feststellen, dass der Markt inzwischen eine große Vielfalt an Verfahren bietet. Viele der Verfahren wurden von speziellen Anbietern mit einer bestimmten Zielsetzung entwickelt, haben am Markt inzwischen ein breites Renommee gefunden und werden für viele betriebliche Fragestellungen eingesetzt. Differenziert werden sollten Persönlichkeitsfragebögen dahingehend, wie und mit welcher Zielsetzung sie entwickelt wurden.

Bei der Entwicklung eines Fragenbogens ist ein wesentliches Kriterium, ob und inwieweit dieser wissenschaftlichen Testanforderungen genügt. Beim Blick auf die Vielfalt der Verfahren lässt sich schnell feststellen, dass nur ein geringer Teil der im betrieblichen Kontext eingesetzten Persönlichkeitsfragebögen wirklich als Persönlichkeitstest bezeichnet werden darf. Als Persönlichkeitstests dürfen nur solche Verfahren bezeichnet werden, die den wissenschaftlichen Kriterien der Testentwicklung und -validierung genügen. Selbstverständlich beschreibt jeder Anbieter sein eigenes Verfahren als zuverlässig und aussagekräftig und präsentiert hierzu auch Kennzahlen. Diese sind in der Regel aber nicht so entstanden und gestaltet, dass sie dem Anspruch der wissenschaftlichen Absicherung genügen.

Es gibt bei der Beurteilung von Testverfahren drei Gütekriterien, die für deren Wissenschaftlichkeit und Qualität ausschlaggebend sind: Validität, Reliabilität und Objektivität. Validität gilt als das wichtigste wissenschaftliche Gütekriterium und befasst sich mit der Treffsicherheit eines Verfahrens. Ein Verfahren wird dann als valide bezeichnet, wenn es wirklich genau die Eigenschaften misst, die es zu messen vorgibt. Reliabilität steht für die Messgenauigkeit bzw. die Verlässlichkeit eines Verfahrens. Als reliabel gelten Verfahren, wenn die Messergebnisse bei wiederholter Messung reproduzierbar sind. Objektivität prüft, inwieweit die Ergebnisse des Verfahrens unabhängig vom Untersucher sind. Ein Verfahren ist dann objektiv, wenn verschiedene Anwender unabhängig voneinander zum gleichen Ergebnis kommen.

Doch auch, wenn ein Verfahren den wissenschaftlichen Gütekriterien entspricht, ist dies kein Garant dafür, dass die mit dem Fragebogen gewonnenen Informationen für Sie tatsächlich von Wert sind. Viel entscheidender sind die Fragen:

- „Welche Informationen will ich über meine Mitarbeiter im Rahmen einer Potenzialeinschätzung gewinnen und wie tiefgehend sollen diese sein?"

- „Wie sollen diese Daten im Unternehmen verwendet werden?"

Wenn Sie einen breiten und umfassenden Überblick über gängige Persönlichkeitsfragebögen und Verfahren gewinnen wollen, empfehlen wir Ihnen folgende vertiefende Literatur:

- Hossiep, R., Paschen, M., Mühlhaus, O. (2000). Persönlichkeitstests im Personalmanagement. Göttingen: Verlag für angewandte Psychologie.

- Simon, W. (2007). GABALs großer Methodenkoffer. Persönlichkeitsentwicklung. Offenbach: GABAL Verlag GmbH.

Bei der Auseinandersetzung mit den gängigen Verfahren (vgl. **Abbildung 7.1** und **Abbildung 7.2**) werden Sie schnell erkennen, dass bestimmte Verfahren sehr gut geeignet sind, um z. B. Teamentwicklungsprozesse oder Trainingseinheiten im Themenbereich „soziale und kommunikative Kompetenzen" positiv zu unterstützen und hier einen deutlichen Mehrwert für die Teilnehmer zu bieten. Für Potenzialaussagen sind unserer Einschätzung nach aber nur einige Verfahren geeignet, z. B. das Bochumer Inventar zur berufsbezogenen Persönlichkeitsbeschreibung (BIP), das Reiss-Profile (vgl. Kapitel 7.1) oder The Profile, die Aussagen zu beruflichen Potenzialen und Kompetenzen einer Person zulassen.

Abbildung 7.1: Exemplarische Auswahl gängiger Persönlichkeitsverfahren (Teil I)

Welcher Persönlichkeitstest eignet sich für welches Einsatzgebiet?

Testverfahren	Einsatzgebiete	Charakteristika
Bochumer Inventar zur berufsbezogenen Persönlichkeitsbeschreibung (BIP)	Auswahl, Anforderungsprofile, Platzierung	Erfasst die für den beruflichen Erfolg relevanten außerfachlichen Kompetenzen aus den Bereichen „berufliche Orientierung", „Arbeitsverhalten", „soziale Kompetenz", „psychische Konstitution".
Insights Discovery®	Vertriebsausbildung, Teamentwicklung, Kommunikation	Unterscheidet vier Persönlichkeitstypen hinsichtlich Präferenzen in der Kommunikation und im Entscheidungsverhalten, charakterisiert durch Farben.
DISG - Persönlichkeitsprofil	Teamentwicklung, Kommunikation	Kategorisiert Verhalten und untersucht Motive für Handlungen, definiert dabei vier grundlegende Verhaltensstile von Menschen.
Myers-Briggs-Typenindikator (MBTI)	Teamentwicklung, Kommunikation	Identifiziert Präferenzen des Menschen für Wahrnehmung und Beurteilung, unterscheidet vier Grundskalen, die jeweils zwei Pole haben.

Abbildung 7.2: Exemplarische Auswahl gängiger Persönlichkeitsverfahren (Teil II)

Welcher Persönlichkeitstest eignet sich für welches Einsatzgebiet?

Testverfahren	Einsatzgebiete	Charakteristika
Team Management System (TMS)	Teamzusammenstellung, Platzierung	Unterscheidet acht erfolgsrelevante Arbeitsfunktionen, mit denen die individuellen Präferenzen und Stärken des Teams aufgezeigt werden.
The Profile	Auswahl, Platzierung	Ermöglicht die Erstellung eines Soll-Anforderungsprofils hinsichtlich der erforderlichen Lernkompetenzen und Berufsinteressen sowie der Passung zum Unternehmen.
Hermann-Dominanz-Instrument (HDI)	Denkstilanalyse, Selbstanalyse	Ermittelt die bevorzugten Denkweisen eines Menschen und differenziert dabei vier Kategorien.

In den vorhergehenden Kapiteln haben wir beschrieben, dass das Leistungsergebnis und die grundsätzliche Leistungsfähigkeit eines Mitarbeiters sich aus den beiden Komponenten des Könnens – also der Qualifikation, des Wissens, der Erfahrung etc. – und des Wollens, sprich der Motivation, ergibt. Wenn wir von Motivation sprechen, dann ist hier die intrinsische Motivation gemeint, die Antriebskräfte, die ein Mensch in sich trägt. Die intrinsische Motivation beschreibt, wofür ein Mensch aus sich selbst heraus in hohem Maße bereit ist, sich anzustrengen, bzw. wie wichtig ihm das Erreichen bestimmter Aspekte (Werte, Ziele, Bedürfnisbefriedigung) im Berufs- oder Privatleben ist.

Im Rahmen von Potenzialeinschätzungen treffen wir aufgrund von Verhaltensbeobachtungen oder Selbstaussagen der Teilnehmer Aussagen zu Kompetenzen und Potenzialen. Dabei können wir das Können von Mitarbeitern neben den Beobachtungen und Informationen aus einer Potenzialanalyse über Beobachtungen und Leistungen im Alltag erfassen. Hier ist z. B. die Mitarbeiterbeurteilung ein adäquates Instrument (vgl. auch Kapitel 9). Auch die Beobachtung der Veränderung des Könnens im Verlauf der Zeit gibt uns wichtige Hinweise zu Lernfähigkeit und -bereitschaft eines Menschen. Viel schwieriger ist der Aspekt der Motivation bzw. des Wollens und damit die Persönlichkeit eines Mitarbeiters zu beurteilen. Gleichzeitig wissen wir aber, dass die meisten Schwierigkeiten mit Mitarbeitern sich nicht daraus ergeben, dass sie nicht über das nötige Fachwissen (Können) verfügen. Schwierigkeiten in der Zusammenarbeit und in der Leistung ergeben sich in erster Linie dadurch, dass die Persönlichkeit eines Mitarbeiters nicht in das Team oder in das Unternehmen passt und daraus, dass die Leistungstreiber – also die Motivation – eines Mitarbeiters nicht zu der Aufgabe oder den unternehmerischen Rahmenbedingungen passen.

Vor diesem Hintergrund ist es also im Rahmen einer Potenzialanalyse oder Besetzungsentscheidung besonders wichtig zu erfahren, was die wirklichen Antriebskräfte eines Mitarbeiters sind. Was will dieser für sich erreichen und welche Aufgaben und Rahmenbedingungen passen vor diesem Hintergrund tatsächlich zu ihm? Wenn Sie in eine Potenzialeinschätzung investieren, tun Sie dies, um Fehlbesetzungen zu vermeiden. Dabei ergeben sich Fehlbesetzungen weniger aus einer Fehleinschätzung des Könnens und der Verhaltenskompetenz eines Mitarbeiters, sondern vielmehr aus der Fehleinschätzung seines Wollens. Ein bekanntes Beispiel ist die Beförderung eines sehr guten Fach- oder Sachbearbeiters in eine Führungsposition. Allzu häufig müssen wir danach beobachten, dass dieser gute Sach- und Fachbearbeiter im Rahmen der Führungsaufgabe seine Potenziale und Fähigkeiten nicht mehr adäquat einsetzen kann und letztendlich scheitert. In solchen Fällen haben wir es oft weniger mit einer Frage des reinen Könnens zu tun. Vielmehr sind es wesentliche Aspekte der Persönlichkeit und damit der Motivation, die uns Aufschluss darüber geben, ob eine Führungsaufgabe zu der jeweiligen Persönlichkeit passt und der Motivation eines Menschen, nämlich z. B. führen zu wollen, entspricht.

Zu diesen Fragen können Ihnen Persönlichkeitsverfahren wichtige, erfolgskritische und entscheidungsrelevante Informationen geben. Ein Verfahren, mit dem wir sehr gute Erfahrungen gemacht haben und das wir vor diesem Hintergrund hier ausführlicher vorstellen wollen, ist die Motivationsstrukturanalyse nach Steven Reiss – das Reiss-Profile.

7.1 Motivationsstrukturanalyse nach Steven Reiss

Professor Dr. Steven Reiss, amerikanischer Motivations- und Persönlichkeitspsychologe, begann seine umfangreichen Forschungsarbeiten in den 90er Jahren mit der Fragestellung: „Was macht Menschen auf Dauer zufrieden und wirklich leistungsfähig?" Zu Beginn seiner Forschungsarbeiten hatte er keine theoretische Annahme, die er im Rahmen seiner Forschung beweisen wollte. Er ging rein empirisch vor und nutzte hierfür über 400 Begriffe, die im weitesten Sinne mit Motivation zu tun hatten. In seinen kulturübergreifenden Forschungsarbeiten (USA, Europa und Asien) reduzierte er diese 400 Begriffe auf schlussendlich 16 Lebensmotive, die sich als voneinander völlig unabhängig erwiesen. Sie beschreiben die menschliche Motivationsstruktur. **Abbildung 7.3** zeigt ein exemplarisches Reiss-Motivationsprofil.

Abbildung 7.3: Motivationsprofil nach Steven Reiss

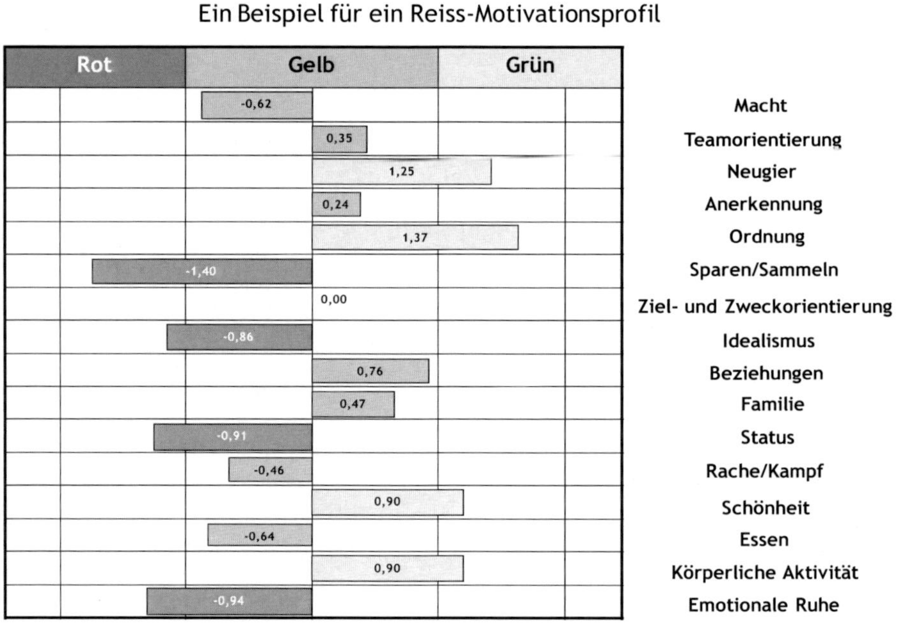

Ein Beispiel für ein Reiss-Motivationsprofil

Rot	Gelb	Grün	Motiv
	-0,62		Macht
	0,35		Teamorientierung
		1,25	Neugier
	0,24		Anerkennung
		1,37	Ordnung
-1,40			Sparen/Sammeln
	0,00		Ziel- und Zweckorientierung
-0,86			Idealismus
	0,76		Beziehungen
	0,47		Familie
-0,91			Status
-0,46			Rache/Kampf
	0,90		Schönheit
-0,64			Essen
	0,90		Körperliche Aktivität
-0,94			Emotionale Ruhe

Die Abbildung macht deutlich, dass ein Motiv in zwei Richtungen – niedrig oder hoch – ausgeprägt sein kann. Die niedrige Ausprägung ist im Motivationsprofil *rot*, die hohe Ausprägung *grün* dargestellt. Jede Richtung hat eine ganz eigene Bedeutung für die Motivation einer Person (Wonach strebt sie?). Beide Ausprägungsrichtungen sind völlig wertneutral. Je stärker ein Motiv ausgeprägt ist (*rot* oder *grün*), desto mehr wirkt es sich auf die Persönlichkeit eines Menschen aus und wird in seinem Verhalten wirksam. Er verhält sich immer wieder so, dass er seine stark ausgeprägten Motive befriedigen kann. Bei einer Motivausprägung im Durchschnittsbereich, der *gelb* dargestellt wird, erfolgt situationsspezifisch eine Auswahl des Verhaltens. Diese Personen können und wollen sich entsprechend einer *grünen* oder einer *roten* Motivausprägung verhalten.

7.1.1 Die Bedeutung der 16 Lebensmotive des Reiss-Profiles

Die 16 Lebensmotive beschreiben das Streben eines Menschen nach etwas und zeigen auf, was einem Menschen wichtig und für ihn wertvoll ist. Man kann also auch sagen, dass die Motive wichtige Werte und Ziele von Menschen darstellen. Letztendlich beschreiben sie so auch, wann es einer Person gut geht und wann sie leistungsfähig ist. Dies ist dann der Fall, wenn die hinter ihren stark ausgeprägten Motiven liegenden Bedürfnisse befriedigt werden können. Gelingt einer Person diese Bedürfnisbefriedigung, gehen ihr Aufgaben und Tätigkeiten leicht von der Hand und machen Spaß. D. h., alle Aufgaben, die geeignet sind, die eigene Motivationsstruktur zu befriedigen, wird eine Person mit wenig subjektiv wahrgenommener Anstrengung und hoher Zufriedenheit übernehmen können. Anders sieht es aus, wenn wir Leistungen vollbringen müssen, die unserem eigenen Motivationsprofil widersprechen. Diese Leistungen können wir auch erbringen, sie erfordern aber letztendlich ein Handeln gegen die eigene Persönlichkeit und damit einen erhöhten Kraftaufwand und große Anstrengung. Auf Dauer werden solche Aufgaben zu einer inneren Unzufriedenheit und zu einer nachlassenden Leistungsfähigkeit führen.

Abbildung 7.4 bis **Abbildung 7.6** geben eine Übersicht über die 16 Motive mit ihren jeweiligen Ausprägungen. Für jede Ausprägung ist beschrieben, was eine Person für sich erreichen will, z. B. bei hoch ausgeprägter Teamorientierung das Streben nach Zugehörigkeit zu anderen Menschen.

Abbildung 7.4   Die Bedeutung der 16 Lebensmotive (Teil I)

Die Ausprägungen der Lebensmotive

In niedriger Ausprägung zu verstehen als Streben nach/danach .../Hang zu ...	Lebensmotiv	In hoher Ausprägung zu verstehen als Streben nach/danach .../Hang zu ...
... andere zu unterstützen, sich an Menschen zu orientieren, geführt zu werden	Macht	... Entscheiden, Einfluss, Erfolg, Leistung, Steuern, Kontrollieren, Gestalten
... Freiheit, Autarkie, Selbstgenügsamkeit, Selbstbestimmung	Teamorientierung	... Gruppenzugehörigkeit, Verbundenheit mit anderen, gemeinsamem Handeln
... praktischem Handeln, etwas umsetzen, geistiger Ruhe	Neugier	... Wissen, Verstehen, intellektueller Auseinandersetzung, Neuem
... Selbstbewusstsein zu zeigen, Selbstzufriedenheit, Herausforderungen zu bewältigen	Anerkennung	... sozialer Akzeptanz, Anerkennung, Zugehörigkeit, Selbstwert durch Wertschätzung von außen
... Flexibilität, Veränderung, Kreativität, Freiheit von Planung, Struktur etc.	Ordnung	... Klarheit, Struktur, Stabilität, Organisation, Planung, Ordnung

Abbildung 7.5:   Die Bedeutung der 16 Lebensmotive (Teil II)

Die Ausprägungen der Lebensmotive

In niedriger Ausprägung zu verstehen als Streben nach/danach .../Hang zu ...	Lebensmotiv	In hoher Ausprägung zu verstehen als Streben nach/danach .../Hang zu ...
... materieller Großzügigkeit, Freiheit von materiellen Dingen	Sparen/ Sammeln	... Anhäufung materieller Güter, Sammeln, Eigentum, Bewahren
... Loyalität, Moralität, Prinzipientreue, Regeleinhaltung	Ziel- und Zweckorientierung	... Ergebnis- und Nutzenorientierung, Eigennutzen
... sozialem Realismus, sozialer Selbstverantwortung	Idealismus	... sozialer Gerechtigkeit, Fairness für alle
... Zeit für sich, Alleinsein, sozialer Ruhe, Zurückgezogenheit	Beziehungen	... Freundschaft, Austausch und Spaß mit anderen, Kontakt
... Unhängigkeit von Kindern, partnerschaftliche Beziehung zu Kindern	Familie	... Familienleben, Erziehung eigener Kinder
... Genügsamkeit, Bescheidenheit, Gleichsein mit anderen	Status	... Prestige, öffentlicher Aufmerksamkeit, öffentlichem Ansehen

Abbildung 7.6: Die Bedeutung der 16 Lebensmotive (Teil III)

Die Ausprägungen der Lebensmotive

In niedriger Ausprägung zu verstehen als Streben nach/danach .../Hang zu ...	Lebensmotiv	In hoher Ausprägung zu verstehen als Streben nach/danach .../Hang zu ...
... Harmonie, Kooperation, Ausgleich	Rache/Kampf	... Konkurrenz, Kampf, Vergeltung, Vergleich mit anderen, Gewinnen
... Gleichgültigkeit gegenüber schönen Dingen, Nüchternheit	Schönheit	... Ästhetik, Interesse an Schönem
... Hunger zu stillen	Essen	... Nahrung als Genuss, Freude am Essen
... körperlicher Ruhe	Körperliche Aktivität	... Bewegung, Fitness, Gesundheit
... Risiko, Unternehmungslust, Neues auszuprobieren, Veränderung	Emotionale Ruhe	... Entspannung, emotionaler Sicherheit, Vorhersehbarkeit von Konsequenzen

Bei der Auseinandersetzung und Arbeit mit den Motivationsprofilen von Mitarbeitern ist ein wesentlicher Aspekt, dass jede Motivausprägung wertfrei betrachtet wird. Dies heißt, es gibt weder eine schlechte oder falsche, noch eine gute oder richtige Motivationsausprägung. Das Streben nach etwas Bestimmtem ist an sich weder richtig noch falsch. So ist das Motiv Ordnung in der hohen/*grünen* Ausprägung, die das Streben nach Struktur, Systematik, Planung und Regelung beschreibt, nicht besser oder schlechter als in seiner niedrigen/*roten* Ausprägung, die das Streben nach Kreativität, Veränderung, Abwechslung, Freiheit von Systematik und Struktur formuliert. Die Ausprägung für sich gesehen ist völlig wertungsfrei.

Jedoch macht die jeweilige Motivausprägung eine wichtige Aussage dazu, welche Aufgaben und welche Rahmen- oder Arbeitsbedingungen für eine Person wesentlich und wichtig sind, damit diese mit langanhaltender Motivation und Leistungsbereitschaft die entsprechenden Aufgaben wahrnehmen kann. In diesem Sinne kann eine bestimmte Motivausprägung in einem konkreten Kontext oder auch für eine bestimmte Aufgabenstellung unpassend sein, weil sie von der jeweiligen Person ein Verhalten erfordert, das diese nur mit erhöhter Anstrengung leisten kann. Anhand des

Motivs Ordnung lässt sich dies noch einmal veranschaulichen: Die niedrige/*rote* Ausprägung charakterisiert Menschen, denen es wichtig ist, kreativ, gestaltend, mit viel Abwechslung und Veränderung spontan und frei von für sie einengenden Planungen und Strukturierungen zu agieren. Stellen Sie sich vor, Sie übergeben diesem Mitarbeiter eine Aufgabe, die eine sehr hohe Prozess- und Strukturorientierung verlangt und in der ein detailliertes, sehr genaues und akribisches Arbeiten erforderlich sein wird – z. B. aus dem Bereich der Finanzanalyse. Es ist leicht vorherzusehen, dass diese Aufgabe dem Mitarbeiter, wenn überhaupt, nur für eine sehr kurze Zeit Spaß machen wird. Danach wird der Mitarbeiter die entsprechende Aufgabe nur mit viel Anstrengung und Mühe vollbringen. D. h. nicht, dass er diese Aufgabe nicht erfüllen kann, aber es wird ihn anstrengen und sehr schnell zu Unzufriedenheit und in der Folge zu Leistungseinbußen führen.

Wir können dieses Beispiel auch umdrehen und uns einen Mitarbeiter mit einer *grünen* Ausprägung auf dem Ordnungsmotiv vorstellen. Dieser Mitarbeiter strebt nach Systematik, Planung, geregeltem Vorgehen, er mag Detailorientierung und bevorzugt klare Strukturen. Übergeben Sie diesem Mitarbeiter eine gestaltende Aufgabe, evtl. aus dem Bereich Marketing, in der ein spontanes, kreatives, schnelles und auch veränderungsbereites Handeln erforderlich ist, erleben Sie das gleiche Phänomen wie im vorherigen Beispiel. Für eine gewisse Zeit nimmt der Mitarbeiter diese Aufgabe engagiert wahr, aber allzu schnell wird er sich über Strukturlosigkeit, mangelnde Systematik, fehlende Prozesse und Abläufe beklagen und er wird versuchen, entsprechende Strukturen und Systematiken zu etablieren, unabhängig davon, ob das zu der Aufgabenstellung passt oder nicht. Gelingt ihm dies nicht, erleben wir auch hier das Phänomen der Demotivation und nachlassenden Leistungsbereitschaft in dieser Aufgabe. Die beiden Beispiele machen deutlich, dass die Motivation und damit die Persönlichkeit einen wesentlichen Einfluss darauf haben, welche Aufgaben langfristig für einen Mitarbeiter passend und befriedigend sind und damit auch seine dauerhaft hohe Leistungsbereitschaft sichern.

Da es in der Mehrzahl der Potenzialanalysen auch um das Erfassen der Führungskompetenz und -bereitschaft geht, wollen wir die Bedeutung des Motivs „Macht" bei der Übernahme oder Ausführung einer Führungsaufgabe aufzeigen. Aus den **Abbildungen 7.4 bis 7.6** wird deutlich, dass eine Person mit einer hohen/*grünen* Machtausprägung das Bedürfnis danach hat, Entscheidungen zu treffen, Dinge voranzubringen, zu gestalten, zu sagen, was wie gemacht wird usw. Diese Person wird dementsprechend Aufgaben suchen, in denen sie diese Bedürfnisse befriedigen kann. Vielleicht wird sie Vorstand im Sportverein oder übernimmt im Unternehmen eine Führungsaufgabe. Es fällt ihr leicht, anderen zu sagen, was wie zu tun ist, für andere Entscheidungen zu treffen oder auch Aufgaben voranzutreiben – alles Aspekte, die in einer Führungsaufgabe geleistet werden müssen. D. h., die Person bringt die Motivation und Bereitschaft mit, andere zu führen.

Die niedrige/*rote* Ausprägung des Machtmotivs beschreibt das Streben danach, andere zu unterstützen, „Dienst"-Leistungen für sie zu erbringen, von ihnen zu erfahren, was wie getan werden soll. Diese Menschen werden sich dementsprechend Aufgaben suchen, in denen sie genau das leisten können und in denen sie nicht für andere entscheiden oder die Verantwortung für andere übernehmen müssen. Sie wollen lieber unterstützen. Diese Mitarbeiter entwickeln sich bei entsprechender Fachkompetenz zu Spezialisten. Andere zu führen, steht nicht auf ihrer Wunschliste. Trotzdem passiert es immer wieder, dass diese Mitarbeiter als gute Fachkräfte in Führungsaufgaben befördert werden. Hier erleben sie dann, dass sie den ganzen Tag genau das tun müssen, was sie gar nicht wollen: anderen sagen, was sie machen sollen und über vieles entscheiden. Die Unzufriedenheit einer solchen Führungskraft ist bei einer großen Führungsspanne fast vorprogrammiert, Mitarbeiter werden sich über fehlende Führung und Entscheidungsfreude beschweren. Letztlich müssen wir evtl. feststellen, dass die Besetzung eine Fehlentscheidung war.

Die beiden Beispiele machen den Nutzen und Ansatzpunkt des Reiss-Motivationsprofils im Rahmen der Potenzialanalyse deutlich. Mit Hilfe der Motivationsprofile von Mitarbeitern können wir Aussagen dazu treffen, welche Aufgaben und welche Rahmenbedingungen für einen Mitarbeiter langfristig geeignet und auch notwendig sind, um seine Motivation und maximale Leistungsbereitschaft anzusprechen. Umgekehrt können wir vorhersagen, welche Leistungsschwierigkeiten und Motivationsprobleme auf einen Mitarbeiter zukommen werden, wenn er bestimmte Aufgaben übernehmen muss oder unter bestimmten Rahmenbedingungen tätig sein wird.

7.1.2 Einsatzgebiete des Reiss-Profiles in der Potenzialdiagnostik

Der Einsatz von Persönlichkeitsfragebögen oder -tests – also auch des Reiss-Motivationsprofils – im Rahmen einer Potenzialanalyse erfordert einen individuellen Abgleich der Persönlichkeit bzw. der Motivstruktur eines Mitarbeiters mit den im Unternehmen gegebenen Möglichkeiten sowie den mit einer Aufgabe verbundenen Herausforderungen und Anforderungen. Dieser Abgleich ermöglicht es Ihnen, Ihre Besetzungsentscheidungen auf einer sehr fundierten Basis zu treffen.

Eine Aussage, die Persönlichkeitsfragebögen (wie das Reiss-Motivationsprofil) unserer Einschätzung nach nicht leisten können, ist, dass mit einer bestimmten Motivausprägung ein Mensch immer für diese und jene Aufgabe geeignet oder ungeeignet ist. Unserer Erfahrung nach gibt es „das Profil" für einen Vertriebsmitarbeiter oder eine andere Berufsgruppe nicht.

Allerdings sind Aussagen zur Passung eines Mitarbeiters zu einer Position insofern möglich, als die Motivstruktur eines Mitarbeiters ihm die Wahrnehmung einer Aufgabe motivatorisch erleichtert oder erschwert und dass er sie in einer bestimmten Art und Weise ausführen wird. Eine Aussage zum Können erlaubt das Reiss-Profile nicht. Aussagen zum Können sind nur insofern möglich, als ein Mitarbeiter eine Aufgabe, die er gern tut, weil sie seine Motive befriedigt, auch besser tut, als wenn er sich dazu zwingen muss. Ein Motiv als Ausdruck der Persönlichkeit beschreibt aber kein grundsätzliches Können.

Auch wenn absolute Aussagen nicht möglich sind, können im Rahmen einer Potenzialanalyse für die in Frage stehenden Positionen Soll-Motivationsprofile (vgl. **Abbildung 7.7**) erstellt werden. Die Soll-Profile beschreiben, welche Motivausprägung die Erfüllung der mit der Position verbundenen Anforderungen und Aufgaben besonders begünstigt. Gleichzeitig beschreiben die Soll-Motivationsprofile auch eine Negativauswahl, indem sie deutlich machen, welche Motivationen für bestimmte Aufgaben leistungshemmend wirken werden.

Vergleichbar mit der Erarbeitung eines Anforderungsprofils für bestimmte Positionen setzt auch die Erarbeitung eines Motivationsprofils die intensive Auseinandersetzung mit den Anforderungen und Gegebenheiten in einer Position voraus. Für die Erstellung eines Motivations-Anforderungsprofils sind folgende Fragen wesentlich:

- Welche besonderen Anforderungen und Herausforderungen sind in dieser Position zu bewältigen?
- Welche Leistungen sind in der Position notwendig und durch welche Motivausprägungen werden sie begünstigt?
- Wie sollen die Herausforderungen und Anforderungen der Position vom Positionsinhaber bewältigt werden (zwischenmenschliches Verhalten)?
- Welche besonderen kulturellen Aspekte (Führungskultur, Unternehmenskultur, Zusammenarbeitskultur) spielen in der Position eine wesentliche Rolle?
- Wie werden sich das Anforderungsprofil und Aufgabenprofil dieser Position in Zukunft verändern?

Bei der Erstellung eines Soll-Motivationsprofils helfen diese Fragen dabei, die Stärke einer bestimmten Motivausprägung im notwendigen Soll-Bereich zu beschreiben. Ziel ist nicht, einen Absolutwert zu beschreiben (z. B. 1,6), sondern den Bereich zu benennen, in dem sich eine Motivausprägung bewegen sollte, um eine langfristige Leistungsbereitschaft des Kandidaten zu gewährleisten (z. B. zwischen 0,8 und 1,8). D. h., pro Motiv muss diskutiert und festgelegt werden, ob eine *rote, gelbe* oder eine *grüne* Ausprägung für die gegebene Position richtig und wichtig ist und welche Stärke der Ausprägung erstrebenswert ist. Dabei ist zu beachten, dass die angestrebten Ausprägungen nicht immer die sehr starken Ausprägungen sind. Starke Motivausprägungen (*rot* und *grün*) beschreiben deutliche Persönlichkeitszüge, die die einzelne Person sehr klar von anderen unterscheidet, was durchaus auch zu schwierigen Situationen oder Konflikten führen kann. Auch muss bei einem Soll-Motivationsprofil nicht für jedes Motiv eine Soll-Ausprägung beschrieben werden. Manche Motive können für eine erfolgreiche Wahrnehmung der Aufgabe von geringem Interesse sein, diese können dann unabhängig vom Soll-Profil individuell ausgeprägt sein.

Abbildung 7.7: Ein mögliches Soll-Motivationsprofil

Darstellung der Soll-Ausprägungen im Reiss-Motivationsprofil

Rot	Gelb	Grün	
		■	Macht
	■		Teamorientierung
	■		Neugier
■			Anerkennung
		■	Ordnung
	■		Sparen/Sammeln
		■	Ziel- und Zweckorientierung
	■		Idealismus
■			Beziehungen
■			Familie
		■	Status
		■	Rache/Kampf
	■		Schönheit
	■		Essen
	■		Körperliche Aktivität
■			Emotionale Ruhe

Wird das Reiss-Profile z. B. im Rahmen der Potenzialeinschätzung oder der Auswahl von Führungskräften genutzt, leistet es einen weiteren wichtigen Mehrwert. Anhand der Motivationsprofile der Kandidaten kann eine klare Aussage dazu formuliert werden, wie der jeweilige Führungsstil einer Führungskraft ist. Damit kann ein Abgleich dahingehend erfolgen, ob der Führungsstil einer Person zu der gewünschten Führungs- bzw. Unternehmenskultur passt.

In den **Abbildungen 7.8 und 7.9** haben wir zwei sehr unterschiedliche Profile von Führungskräften gegenübergestellt. Nehmen wir an, beide Personen sollen eine Führungsaufgabe in einem deutlich mitarbeiter- und teamorientierten Unternehmensumfeld wahrnehmen. Für die positionsbezogene Anforderung, einen mitarbeiter- und teamorientierten Führungsstil zu leben, wird deutlich, dass Person 1 diese Anforderung aufgrund ihrer *grünen* Teamorientierung und *grünen* Beziehungsmotivation leicht erfüllen wird, da ihr selbst ein entsprechendes Verhalten wertvoll und wichtig ist. Viel schwieriger wird die Wahrnehmung dieses Führungsstils für Person 2. Aufgrund der *rot* ausgeprägten Teamorientierung und der *rot* ausgeprägten Beziehungsmotivation wird diese Führungskraft eher einen sehr autarken und leistungsorientierten Führungsstil zeigen und deutlich weniger Kontakt und Austausch mit den Mitarbeitern suchen. Wird eine hohe Mitarbeiterorientierung erwartet, wird dieser Stil früher oder später entweder auf Seiten der Führungskraft oder auf Seiten der Mitarbeiter zu Missstimmung und Unzufriedenheit führen. Damit kann das Reiss-Profile auch für die Frage, inwieweit jemand von der Ausgestaltung einer Aufgabe her (Wie führe ich?) in das entsprechende kulturelle Umfeld passt, einen wertvollen Nutzen bieten.

Für Unternehmen ist das die Chance zu klären, was die kulturellen Anforderungen und die Anforderungen an die zwischenmenschlichen Kompetenzen ihrer Führungskräfte sind. Es kann z. B. sein, dass ein Unternehmen eher einen sehr team- und mitarbeiterorientierten Stil hat, sich aber durchaus wünscht, dass Führungskräfte, die ihre Aufgaben unabhängiger von der Meinung und Einschätzung ihrer Mitarbeiter wahrnehmen, im Unternehmen präsent sind. Klären muss dieses Unternehmen dann für sich, inwieweit es bereit ist, solch einen andersartigen Führungsstil tatsächlich zu integrieren und wertzuschätzen. Realisiert werden sollte, dass in solchen Fällen immer die Gefahr besteht, dass ein andersartiges Führungsverhalten zu einem späteren Zeitpunkt sanktioniert wird, weil es nicht in die Kultur des Unternehmens passt.

Einen wesentlichen Mehrwert bietet das Reiss-Profile im Rahmen von Potenzialanalysen auch hinsichtlich der weiteren individuellen Förderung der Führungs- oder Nachwuchskräfte. Je nachdem, welches Motivationsprofil ein Kandidat mitbringt, benötigt er für seine weitere erfolgreiche berufliche Entwicklung gezielte, individuelle Unterstützung. Wo diese ansetzen muss, macht wiederum das Motivationsprofil deutlich. Hierbei kann es darum gehen, dass ein Kandidat lernt, einem Handlungsimpuls, der aus seiner Motivausprägung resultiert, auch einmal nicht zu folgen, um eine erfolgreiche Aufgabenwahrnehmung zu gewährleisten. Genauso kann es wichtig sein, dass Kandidaten lernen, dass sie für die erfolgreiche Wahrnehmung einer Position bestimmte Kompetenzen erlernen müssen. Welche sehr unterschiedlichen Lernaufgaben und Entwicklungsfelder sich für Kandidaten mit unterschiedlicher Motivausprägung ergeben, sollen die in den nachfolgenden Abbildungen dargestellten Beispiele deutlich machen.

Bei Kandidat 1 (**Abbildung 7.8**) wird deutlich, dass er gern Verantwortung übernimmt und Entscheidungen trifft (*grüne* Macht), dies aber lieber gemeinsam mit anderen als allein tut (*grüne* Teamorientierung, *grüne* Beziehung). Mit Delegation hat er keine Schwierigkeiten. Für die Übernahme einer Führungsposition muss er lernen, als Führungskraft auch unabhängig von anderen zu entscheiden und zu arbeiten sowie auch für das Team unangenehme Entscheidungen zu fällen. Im Sinne seines Zeitmanagements sollte er sich feste Zeiträume für die Kommunikation mit dem Team einräumen und nicht jedem Impuls, sich mit anderen auszutauschen, nachgeben.

Abbildung 7.8: Unterschiedliche Lernaufgaben aus dem Reiss-Profile: Motivstruktur von Kandidat 1

Vergleich zweier Profile hinsichtlich der Eignung für eine Führungsposition

Rot	Gelb	Grün	
	1,40		Macht
	1,23		Teamorientierung
	0,35		Neugier
	0,24		Anerkennung
	-0,31		Ordnung
	0,29		Sparen/Sammeln
	-0,64		Ziel- und Zweckorientierung
	0,19		Idealismus
	0,90		Beziehungen
	-0,10		Familie
	0,06		Status
	-0,46		Rache/Kampf
	0,48		Schönheit
	-0,21		Essen
	-0,34		Körperliche Aktivität
	-0,05		Emotionale Ruhe

Abbildung 7.9: Unterschiedliche Lernaufgaben aus dem Reiss-Profile: Motivstruktur von Kandidat 2

Vergleich zweier Profile hinsichtlich der Eignung für eine Führungsposition II

Rot	Gelb	Grün	
	1,38		Macht
-1,40			Teamorientierung
	-0,05		Neugier
	0,29		Anerkennung
0,19			Ordnung
	0,24		Sparen/Sammeln
	0,06		Ziel- und Zweckorientierung
	0,48		Idealismus
-1,84			Beziehungen
	-0,34		Familie
	-0,64		Status
	-0,46		Rache/Kampf
	-0,31		Schönheit
	-0,21		Essen
	-0,10		Körperliche Aktivität
	0,35		Emotionale Ruhe

Aus dem Reiss-Profile von Kandidat 2 (**Abbildung 7.9**) wird deutlich, dass auch er durch das *grün* ausgeprägte Machtmotiv leistungsorientiert agiert und gern entscheidet und kontrolliert. Er tut dies aber im Alleingang und ohne die Mitarbeiter einzubeziehen (*rotes* Beziehungs- sowie *rotes* Teamorientierungsmotiv) und hat Schwierigkeiten, Aufgaben abzugeben oder zu delegieren, weil er lieber alles selbst machen möchte. Für die Übernahme der Führungsrolle muss die Person bewusst den Kontakt mit Mitarbeitern/Kollegen suchen und sie in Entscheidungen involvieren. Auch muss er lernen, Aufgaben an Mitarbeiter zu delegieren.

Diese Beispiele machen deutlich, dass die Erstellung von Motivationsprofilen im Rahmen einer Potenzialanalyse nicht nur sehr wertvolle Informationen zur Besetzung einer vakanten Position bietet, sondern auch einen deutlichen Mehrwert hinsichtlich einer gezielten, individuellen und tatsächlich nachhaltigen Personalentwicklung darstellt. Oft werden im Rahmen der auf Potenzialanalysen folgenden Personalentwicklung z. B. für alle Teilnehmer eines Talentpools gleiche oder sehr ähnliche Maßnahmen angeboten. Die Arbeit mit dem Reiss-Profile ermöglicht im Abgleich mit bereits vorhandenen Kompetenzen, sprich dem Können, wirklich gezielte Entwicklungsmaßnahmen für einzelne Kandidaten anzusetzen und damit deutlich schneller tatsächlich gute Leistungen der Kandidaten zu erreichen. Dem Ziel der Entwicklung wirklicher Leistungsträger, die ihre Aufgaben mit hoher Motivation und langfristiger Leistungsbereitschaft wahrnehmen, sind Sie damit ein Stück nähergekommen.

7.2 Persönlichkeitsfragebögen in der Potenzialanalyse – darauf sollten Sie achten

Wenn Sie sich entscheiden, einen Persönlichkeitsfragebogen in ihre Potenzial- und Kompetenzdiagnostik zu integrieren, sollten folgende Fragen und Aspekte im Vorfeld geklärt werden:

1. Welche Informationen wollen wir mit dem Fragebogen gewinnen?

   Unserer Erfahrung nach bieten verschiedene Persönlichkeitsanalysen Informationen in unterschiedlicher Tiefe an. Einige beschreiben eher das bevorzugte Verhalten (Insights Discovery®) einer Person, andere bieten wirkliche Persönlichkeitsanalysen (Reiss-Profile).

2. Wie können wir gewährleisten, dass die Kandidaten mit der Bearbeitung eines Fragebogens einverstanden sind?

   Alle Persönlichkeitsfragebögen und -tests sind Selbstbeschreibungsfragebögen. D. h., wir müssen uns darauf verlassen, dass die Person die Fragen ehrlich beantwortet. Anderenfalls haben wir ein Profil, das mit unserem Kandidaten nichts zu tun hat. Seriös entwickelte Verfahren schaffen hier durch ihre Gestaltung Abhilfe: Sie haben z. B. Skalen, mit denen kontrolliert wird, wie stimmig ein Kandidat antwortet. Auch gleichen wissenschaftlich entwickelte Verfahren leichte Verzerrungen im Antwortverhalten der Kandidaten aus, wodurch erreicht wird, dass gewisse Unstimmigkeiten im Antwortverhalten die Güte des Ergebnisses nicht beeinflussen. Diese Aspekte sind ein weiterer Grund dafür, bei der Auswahl eines Fragebogens auf die wissenschaftliche Güte zu achten.

Trotzdem kann der Kandidat letztlich ankreuzen, was er will. Eine absichtliche Manipulation haben wir in unserer Praxis jedoch noch nicht erlebt. Auch im Rahmen von Besetzungsentscheidungen haben wir Persönlichkeitsfragebögen bisher erfolgreich eingesetzt. Wesentlich ist hier, dass die Kandidaten sehr offen und ehrlich über den Fragebogen, dessen Zielsetzung und Nutzen informiert werden. Die Kandidaten sollten auch Informationen dazu erhalten, welchen Mehrwert ihnen die Fragebogenergebnisse bieten. Genauso muss offen damit umgegangen werden, wer die Ergebnisse zur Kenntnis bekommt und wie diese dokumentiert werden.

3. Welche Mitbestimmungsrechte der Arbeitnehmervertretung müssen beachtet werden?

    Wenn Sie Persönlichkeitsfragebögen im Rahmen Ihrer Potenzialanalyse einsetzen, hat die Arbeitnehmervertretung hierfür – wie für die gesamte Potenzialanalyse – ein Mitbestimmungsrecht. Informieren Sie die Vertreter des Betriebsrats frühzeitig und integrieren Sie sie ggf. in die Auswahl des Verfahrens. Gute Erfahrungen haben wir damit gesammelt, dass wir Vertreter der Arbeitnehmervertretung die Fragebögen im Vorfeld der Entscheidung haben bearbeiten lassen und die Ergebnisse ausführlich mit ihnen besprochen haben. So konnten sie den Gewinn und Nutzen der in Frage stehenden Verfahren aus dem eigenen Erleben kennenlernen. Auf größere Widerstände sind wir mit diesem Vorgehen nicht gestoßen.

4. Verfügen Sie intern über die notwendigen Qualifikationen?

    Überlegen Sie, ob Sie im Unternehmen selbst die entsprechenden Kompetenzen haben, um einen Persönlichkeitsfragebogen einzusetzen. Um die nötige Fachkompetenz zur Interpretation der Ergebnisse zu gewinnen, müssen für viele Verfahren spezifische Ausbildungen gemacht werden. Dies ist aus unserer Sicht auch zu begrüßen, um die Qualität im Einsatz der Verfahren zu gewährleisten. Wenn Sie mit Beratern zusammenarbeiten, klären Sie frühzeitig, ob diese über entsprechende Zertifikate verfügen. Bedenken Sie, dass die Tätigkeit als Berater noch nicht zur Anwendung eines psychologischen Verfahrens qualifiziert.

5. **Wie wollen Sie den Rückmeldeprozess der Ergebnisse an die Kandidaten gestalten?**

Bei Auswahlverfahren für externe Bewerber können Sie im Vorfeld mit dem Kandidat klären, dass er die Ergebnisse des Persönlichkeitsfragebogens nur erhält, wenn er eingestellt wird. Dies ist vor folgendem Hintergrund sinnvoll: Z. T. sind die Ergebnisse von Persönlichkeitsfragebögen nicht in allen Aspekten selbsterklärend. So können Missverständnisse bei der Interpretation auftreten, die eine Verärgerung der Kandidaten zur Folge haben können. Einem Kandidaten sein Fragebogenergebnis einfach zuzuschicken, halten wir für falsch und aus genannten Gründen für wenig verantwortungsbewusst. Führen Sie stattdessen immer ein erklärendes Auswertungsgespräch. Können Sie dies nicht leisten, weil Ihnen z. B. die Ressourcen hierfür fehlen, dann verzichten Sie lieber auf die Kommunikation der Ergebnisse.

Anders ist dies bei internen Kandidaten im Rahmen von Besetzungs- und Potenzialanalyseverfahren. Hier sollten Sie in jedem Fall ein qualitativ hochwertiges Auswertungsgespräch gewährleisten. Nur so können die Kandidaten den versprochenen Mehrwert für sich nutzen.

8 Perspektivenvielfalt - Kombination verschiedener Verfahren

Anhand der Beschreibung der bisher vorgestellten Verfahren, die im Rahmen von Potenzialeinschätzungen genutzt werden können, wurde bereits deutlich, dass es nicht *das* richtige Verfahren für eine spezifische diagnostische Fragestellung gibt. Die Auswahl des Verfahrens, das die besten diagnostischen Aussagen erbringt, ist von der konkreten Zielsetzung des Unternehmens, der Zielgruppe, aber auch von den zu beobachtenden Kompetenz- oder Potenzialdimensionen abhängig.

In diesem Kapitel wollen wir Ihnen zwei Praxisbeispiele für die Kombination unterschiedlicher Feedbackverfahren zu einer gesamtheitlichen Potenzialanalyse vorstellen. Bei beiden Beispielen waren die Zielsetzungen der Unternehmen und die Zielgruppen, für die die Verfahren entwickelt wurden, ausschlaggebend.

8.1 Praxisbeispiel: „Karrieregespräche" für High Potentials

Das nachfolgend beschriebene Verfahren richtete sich an die High Potentials eines Unternehmens der Finanzbranche. High Potentials waren in diesem Fall sowohl Führungskräfte als auch Fachexperten, die bereits als High Potentials im Unternehmen gesetzt waren und schon einige Karrierestufen durchlaufen hatten. Sie waren z. B. als Abteilungsleiter oder Spezialisten tätig. Ein Grund für die Entwicklung des neuen Potenzialanalyseverfahrens war, dass diese High Potentials schon unterschiedliche Potenzialanalysen, wie z. B. Assessment-Center, durchlaufen hatten und jetzt ein Ansatz gesucht wurde, der den Teilnehmern nicht nur wertvolle Informationen und Erkenntnisse zu ihrem aktuellen Kompetenzspektrum und Entwicklungsstand gibt, sondern auch eine positive Herausforderung und neue Erfahrungen für die Teilnehmer bietet. Im Vergleich zu den früheren Assessment-Center-Verfahren sollte dieses Verfahren in Gestaltung und im Anspruchsniveau deutlich hochwertiger in Konzeption und Durchführung sein. Im Verlauf der Vorgespräche zu der zu gestaltenden Potenzialeinschätzung wurde entschieden, dass auf Gruppenverfahren verzichtet werden und alle Teilnehmer an einem Einzelverfahren teilnehmen sollten. Das entwickelte Verfahren erhielt den Titel „Karrieregespräche für High Potentials".

Die konkreten Zielsetzungen der Karrieregespräche waren:

- eine individuelle Unterstützung auf dem persönlichen Karriereweg sicherzustellen,
- persönliche Entwicklungsmöglichkeiten und mögliche Karrierepfade im Unternehmen aufzuzeigen,
- Leistungsträger wertzuschätzen und an das Unternehmen zu binden und
- ein optimales Performancemanagement für jeden Teilnehmer sicherzustellen.

Das Ziel „Leistungsträger wertzuschätzen und an das Unternehmen zu binden" hatte für die Konzeption und Gestaltung des Verfahrens einen zentralen Stellenwert. Das Unternehmen verfolgte mit der Durchführung dieses Verfahrens auch die Zielsetzung, den Teilnehmern noch einmal zu vermitteln, dass sie die identifizierten Leistungsträger des Unternehmens und zukünftigen Nachwuchskräfte seien und dass das Unternehmen sich intensiv um ihre weitere persönliche Entwicklung bemühe. Dieser Aspekt hatte für das Unternehmen insofern eine übergeordnete Bedeutung, als nicht für alle High Potentials in absehbarer Zeit weiterführende Positionen vakant waren und somit immer die Gefahr gesehen wurde, dass bei einem entsprechend attraktiven externen Angebot die Leistungsträger, die natürlich auch in der Vergangenheit mit hohen Investitionen vom Unternehmen gefördert und entwickelt wurden, das Unternehmen verlassen würden.

Für die Konzeption der Karrieregespräche wurden einige Grundprinzipien und Ziele festgelegt, die auch die Auswahl der einzubeziehenden Instrumente sowie die Gestaltung des Gesamtprozesses zentral beeinflussten. Hierzu gehörten u. a.:

- die Konzentration auf die markanten Stärken und die treibenden Erfolgsfaktoren der Teilnehmer,

- die Grundannahme, dass die Teilnehmer selbstverantwortlich agieren und eigenständig nach Möglichkeiten suchen, ihre Entwicklung im Unternehmen voranzutreiben und zu gestalten – dafür müssen ihnen nur eine solide Ausgangsbasis und entsprechende Rahmenbedingungen zur Verfügung gestellt werden,

- die Erfassung der individuellen Motive und Kompetenzen als Basis für weitere Entwicklungsüberlegungen und -schritte,

- die Integration von Verfahren, die eine ganzheitliche Leistungsbetrachtung unter Beachtung des beruflichen Erfolgs, aber auch der individuellen Lebensbalance ermöglichen,

- ein sich hieraus ableitendes multimodales Vorgehen, das den Teilnehmern in ihrer Individualität maximal gerecht wird und

- die Verbindung von diagnostischen Instrumenten mit dem Aspekt des Coachings, um bereits im Diagnostikprozess erste Zeichen für die weitere Entwicklung zu setzen und den Teilnehmern somit einen maximalen persönlichen Gewinn zu bieten.

Die vor diesem Hintergrund entwickelten Karrieregespräche vereinten unterschiedliche diagnostische Instrumente und methodische Ansätze zu einem gesamtheitlichen Prozess, der über einen Zeitraum von mehreren Wochen gestaltet wurde. Darin enthalten waren:

- intensive Selbstreflexion und -einschätzung mit der Motivationsstrukturanalyse nach Steven Reiss (vgl. Kapitel 7),

- Referenzeinschätzung durch Kollegen,

- Kompetenzeinschätzung durch Spezialisten und

- individuelle Beratung hinsichtlich der persönlichen Karriereplanung im Rahmen eines persönlichen Coachings.

Das grundlegende Modell der weiteren Karriereplanung und Entwicklungsempfehlung bildete bei diesem Vorgehen das Modell der Karrierepfade nach Schein. Schein erforschte in den 60er Jahren in Langzeitstudien die Managerkarrieren von MBA-Absolventen und fand heraus, dass die äußere Karriere, zu verstehen als das Verfolgen von unternehmerisch festgelegten Karrierewegen, von einer inneren Karriere unterschieden werden müsse, die einem zu den eigenen Werten und dem Selbstbild passenden Karrierepfad entspricht. Es werden dabei acht verschiedene Karrierepfade beschrieben, was deutlich macht, dass jeder Mensch auf seinem beruflichen Lebensweg nach etwas anderem strebt.

Das Modell der Karrierepfade ermöglichte statt vordefinierter Positionen die Konzentration auf bestimmte, der Person am meisten entsprechende Karrierewege und erleichterte dem Unternehmen so eine gezielte Förderung der High Potentials, ohne zum aktuellen Zeitpunkt konkrete Positionen in Aussicht stellen zu müssen. Durch die Kombination der Motivationsstrukturanalyse nach Steven Reiss mit dem Modell der Karrierepfade nach Schein ließ sich aus deren Werte- und Motivationsstruktur eine genaue Passung der Kandidaten zu bestimmten Karrierepfaden ableiten. Fehlentwicklungen oder die Auswahl einer Position, die nicht zur Person und ihren wirklichen Potenzialen und Motivationen passt, wurden damit vermieden.

Abbildung 8.1 gibt einen Überblick über die Kombination der unterschiedlichen Instrumente und das Zusammenführen der Ergebnisse zur Ableitung von Karrierepfaden nach Schein.

Abbildung 8.1: Karrieregespräche für High-Potentials: Zusammensetzung

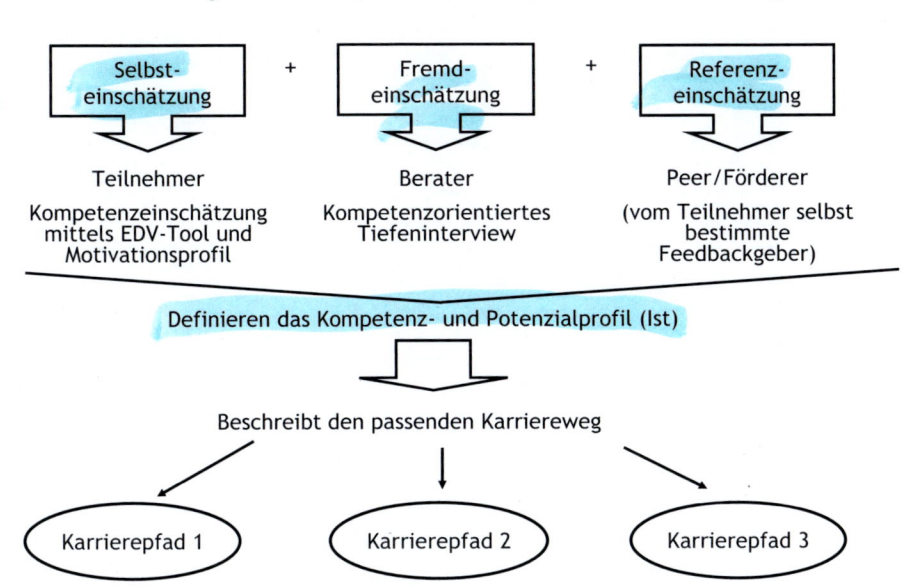

8.1.1 Instrument 1: Computergestützte Referenzeinschätzung

Für die Referenzeinschätzung wurde ein computergestütztes Kollegenfeedback eingesetzt. Dieses Verfahren ermöglichte ein Feedback bzw. eine Fremdeinschätzung von Kompetenzen und Potenzialen anhand eines systematischen Paarvergleichs (vgl. auch Kapitel 3.3). Auf diese Art und Weise waren die Feedbackgeber nicht gezwungen, bestimmte Kompetenzen anhand von absoluten Aussagen auf einer bestimmten Skalierung einzuschätzen. Mit Hilfe des EDV-gestützten Systems entschieden die Feedbackgeber, welche Kompetenz von zwei gleichzeitig angebotenen Kompetenzen bei dem Kandidaten stärker ausgeprägt war und wie hoch die Abweichung eingeschätzt wurde (vgl. **Abbildung 8.2**). Dieses Vorgehen erleichterte nicht nur die Einschätzung, sondern verhinderte auch Bewertungsfehler, z. B. durch Milde-Tendenzen, Strenge-Tendenzen oder Tendenzen zur Mitte.

Abbildung 8.2: Computergestützte Referenzeinschätzung

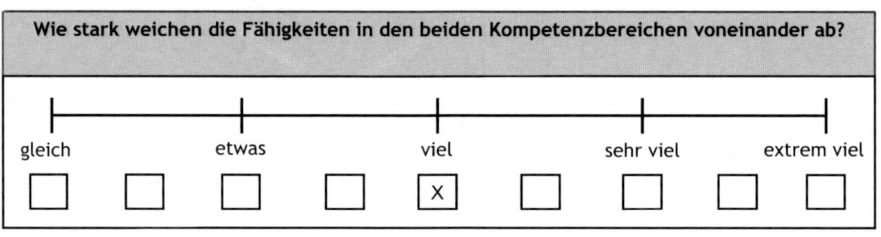

Für die Fremdeinschätzung konnten die Teilnehmer selbst Feedbackgeber, z. B. Kollegen, Vorgesetzte, aber auch Mitarbeiter, bis zu einer Anzahl von zwölf Personen benennen. Damit sollte gewährleistet werden, dass die Feedbackgeber tatsächlich die Personen auswählten, die sie beispielsweise aus der Zusammenarbeit im Alltag oder in Projekten gut kannten und beurteilen konnten. Vor dem Hintergrund, dass es sich bei der Zielgruppe um High Potentials handelte, die ein hohes Interesse an ihrer weiteren Entwicklung im Unternehmen hatten, wurden die Teilnehmer umfassend über Zielsetzung, Sinn und Zweck des Fremdfeedbacks informiert. Zudem vertraute das Unternehmen bei dieser Zielgruppe auch darauf, dass die Teilnehmer nicht nur Personen auswählten, von denen sie mit hoher Sicherheit wussten, dass ihnen diese wohlwollend gesinnt waren und nur positives Feedback abgaben. Es wurde davon ausgegangen, dass für die Teilnehmer eine kritische Auseinandersetzung mit ihrer Fremdwahrnehmung von hohem Interesse war.

8.1.2 Instrument 2: Expertenbeurteilung durch strukturierte Tiefeninterviews

Eine weitere Fremdeinschätzung (Expertenfeedback) erfolgte über strukturierte Tiefeninterviews mit Beratern. Vergleichbar dem Vorgehen bei einem Management Audit wurden mit den Teilnehmern sehr differenzierte, das Kompetenzspektrum aufdeckende Tiefeninterviews geführt, in denen auch kritische Aspekte der bisherigen Berufs- und Karriereplanung beleuchtet wurden. Zum Zeitpunkt der Interviews lagen den Beratern bereits eine Selbsteinschätzung und die Kollegenfeedbacks vor, so dass auf dieser Basis schon erste Ableitungen hinsichtlich der weiteren Karrierepfade getroffen werden konnten, die wiederum konstruktiv mit den Teilnehmern im Rahmen der Interviews besprochen wurden.

8.1.3 Instrument 3: Computergestützte Selbsteinschätzung

Neben der Bearbeitung des Reiss-Profiles nahmen die Teilnehmer eine Selbsteinschätzung ihrer Kompetenzen anhand der EDV-gestützten Befragung vor, die auch für die Referenzeinschätzung genutzt wurde (vgl. Abschnitt 8.1.1).

8.1.4 Ergebnisrückmeldung

Aus der Auswertung, Analyse und Interpretation der erfassten Daten und dem daraus abgeleiteten Karriereprofil wurden für die einzelnen Teilnehmer optimal passende Karrierewege und weitere Entwicklungsstationen im Unternehmen sowie unterstützende Entwicklungsmaßnahmen beschrieben. In einem ausführlichen Coachinggespräch wurden diese mit den Teilnehmern besprochen (vgl. **Abbildung 8.3**).

Abbildung 8.3: Form und Inhalte der Ergebnisrückmeldung

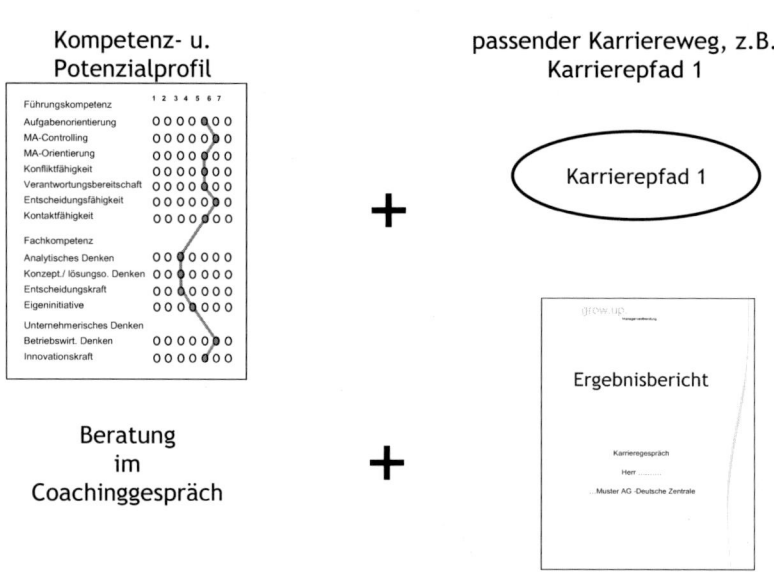

In einem ausführlichen Ergebnisbericht wurden alle gesammelten Informationen und ausgesprochenen Empfehlungen festgehalten und das Wesentliche zusammengefasst. Er bildete auch die Basis für die weiterführenden Beratungs- und Coachinggespräche, die unternehmensintern mit Vertretern aus dem Personalbereich geführt wurden. Hier konnten sich die Kandidaten umfassend mit ihren beruflichen Perspektiven auseinandersetzen.

Im Ergebnisbericht wurden alle wesentlichen Erkenntnisse zusammengetragen:

- Selbsteinschätzung der Kompetenzen durch den Kandidaten,
- das persönliche Reiss-Profile,
- Feedback der Referenzgeber,
- Expertenfeedback,
- Karriereprofil,

- empfohlener Karrierepfad,
- Empfehlung zur Gestaltung der weiteren beruflichen Entwicklung und
- Empfehlung zum Ausbau der Stärken und dort, wo notwendig und zielführend, zum Abbau von Schwächen.

Die eingesetzten Instrumente erlaubten im Rahmen der Coachings und Beratungen die Zusammenführung von Karrierewegen und -zielen mit den für den beruflichen Erfolg besonders wichtigen motivationalen und werteorientierten Persönlichkeitsaspekten. Wesentliche Fragen, die mit dem Karrierecoaching beantwortet wurden, waren:

- Was sind die persönlichen Karriereziele des Teilnehmers?
- Über welche besonderen Stärken verfügt der Teilnehmer?
- Aus welchen Motivationen schöpft der Teilnehmer seine berufliche Leistungsfähigkeit?
- Welche Faktoren bewirken bei ihm eine langfristige berufliche Zufriedenheit?
- In welchen Karrierewegen kann er seine Motive maximal befriedigen und seine Stärken einsetzen, um seine berufliche Leistungsfähigkeit zu nutzen und langfristig zu erhalten?

Bei dem beschriebenen Vorgehen stand insbesondere die Analyse der vorhandenen Stärken und Kompetenzen sowie der leistungstreibenden Motivationsaspekte im Vordergrund. Grundlage dieser Fokussierung war die Annahme, dass zum Erreichen einer wirklichen Spitzenleistung das Fördern der vorhandenen Stärken zielführend ist. Weniger interessant in der Gesamtbetrachtung waren von den Teilnehmern gezeigte Schwächen oder Entwicklungsdefizite. Diese wurden nur dann besonders beachtet, wenn sie für den empfohlenen Karriereweg erfolgskritisch waren. Andernfalls blieb es den Teilnehmern selbst überlassen, mit Unterstützung des Unternehmens an ihren vorhandenen Defiziten zu arbeiten. Die Förderung konzentrierte sich jedoch auf ihre Stärken.

8.2 Praxisbeispiel: Modulares Potenzialanalyse-Audit für Top-Führungskräfte

Ein weiteres modular konzipiertes Potenzialanalysetool, das wir Ihnen vorstellen wollen, richtete sich an die Top-Führungskräfte der ersten und zweiten Ebene eines Industrieunternehmens. Auch dieses Unternehmen führte bereits in der Vergangenheit Management Audits zur Potenzialanalyse bei Führungskräften durch. Wunsch des Unternehmens war es, ein modernes Verfahren mit einer höheren diagnostischen Breite zu etablieren, um so einen umfassenderen Informationsgewinn hinsichtlich der Führungs- und Managementkompetenzen sowie der Potenziale bei bereits etablierten Führungskräften zu erhalten.

Das Verfahren sollte unterschiedliche diagnostische Fragen beantworten und hierfür valide Ergebnisse bieten:

- Überprüfung der Einschätzung der Kompetenzen und Potenziale durch die Vorgesetzten der Teilnehmer,
- Einsatz für diagnostische Fragestellungen zu Entwicklungs-, Platzierungs-, und Karriereplanung,
- persönliche Standortbestimmung mit Aussagen zu Stärken und Entwicklungsfeldern,
- Ableiten von Förder- und Entwicklungsmaßnahmen,
- Gewinnung von eindeutigen und schnell verwertbaren Informationen für das Management zu Potenzial und Kompetenzen der Kandidaten,
- Erstellung von Leistungs- und Potenzialportfolios für das Management,
- unterstützende Informationen für zukünftige Platzierungsentscheidungen und
- Gewährleistung einer hohen diagnostischen Validität.

Da das Verfahren für die Top-Führungskräfte der ersten und zweiten Führungsebene des Unternehmens entwickelt wurde, ergaben sich neben den bereits genannten noch weitere Zielsetzungen für das Verfahren. Diese waren insbesondere:

- Gewährleistung einer hohen Akzeptanz bei den teilnehmenden Führungskräften durch eine für ihre Position adäquate Gestaltung und Vorgehensweise,

- Schaffung eines hohen persönlichen Nutzens/Informationsgewinns für die teilnehmenden Führungskräfte, unabhängig von der diagnostischen Fragestellung,

- positionsspezifische Gestaltung (erste oder zweite Führungsebene) bei Verwendung einheitlicher Grundmodule,

- Möglichkeit einer variierenden Gestaltung entsprechend der Zielsetzung des Verfahrens (Entwicklungsfokus/Platzierungsfokus) und

- Ermöglichen einer wiederholten Verfahrensteilnahme im Karriereverlauf und Gewährleistung, dass auch eine wiederholte Teilnahme eine neue Herausforderung für die Teilnehmer bietet.

Basis der geplanten Potenzialanalyse sollte das Kompetenzmodell des Unternehmens sein.

Vor dem Hintergrund der beschriebenen Zielsetzungen fiel die Entscheidung, ein Potenzialanalyse-Audit zu konzipieren, welches unterschiedliche diagnostische Instrumente verbindet und somit komplexe Aussagen für Entwicklungs- und Platzierungsentscheidungen ermöglicht. Folgende Instrumente wurden für die Gestaltung des multimodularen Audits ausgewählt:

- Motivationsstrukturanalyse nach Steven Reiss (Reiss-Profile),
- 270°-Feedback,
- Selbstreflexionsaufgaben mit den Schwerpunkten Führung bzw. Management,
- Präsentation der Selbstreflexion,
- Tiefeninterview und
- Ergebnisdokumentation.

Abbildung 8.4 gibt einen Überblick über die Kombination der ausgewählten Verfahren.

Abbildung 8.4: Kombination der ausgewählten Verfahren für das multimodulare Audittool

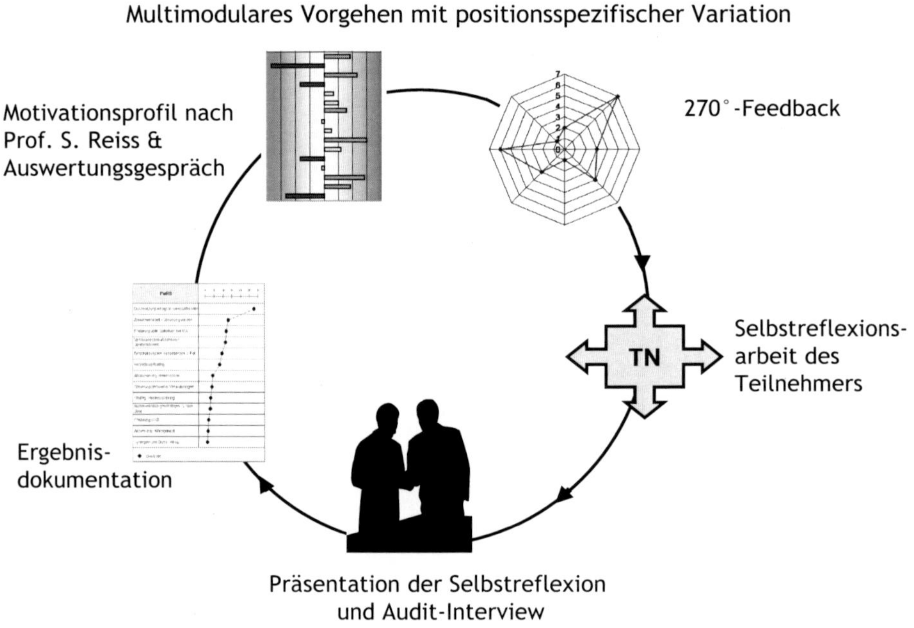

Multimodulares Vorgehen mit positionsspezifischer Variation

Motivationsprofil nach Prof. S. Reiss & Auswertungsgespräch

270°-Feedback

Selbstreflexionsarbeit des Teilnehmers

Ergebnisdokumentation

Präsentation der Selbstreflexion und Audit-Interview

Die Entwicklung der einzelnen Analyseinstrumente orientierte sich an zwei zentralen Aspekten. Zum einen am Kompetenzmodell des Unternehmens, was sich in allen Instrumenten widerspiegeln sollte. Zum anderen sollten im Gesamtverfahren, hier insbesondere bei den Interviews, die aktuelle bzw. die Zielposition der Teilnehmer in der Gestaltung berücksichtigt werden. Für Positionsinhaber oder Kandidaten mit der Zielposition erste Führungsebene wurden unternehmerische und strategische Aspekte stärker berücksichtigt. Für Ebene zwei wurden Führungsaspekte stärker in den Vordergrund gerückt (vgl. **Abbildung 8.5**). Dies betraf die Instrumente 270°-Feedback, Selbstreflexionsarbeit und Tiefeninterview.

Abbildung 8.5:	Die Führungsebene als Grundlage für die Ausrichtung der Aufgaben hinsichtlich Management- oder Führungsperspektive

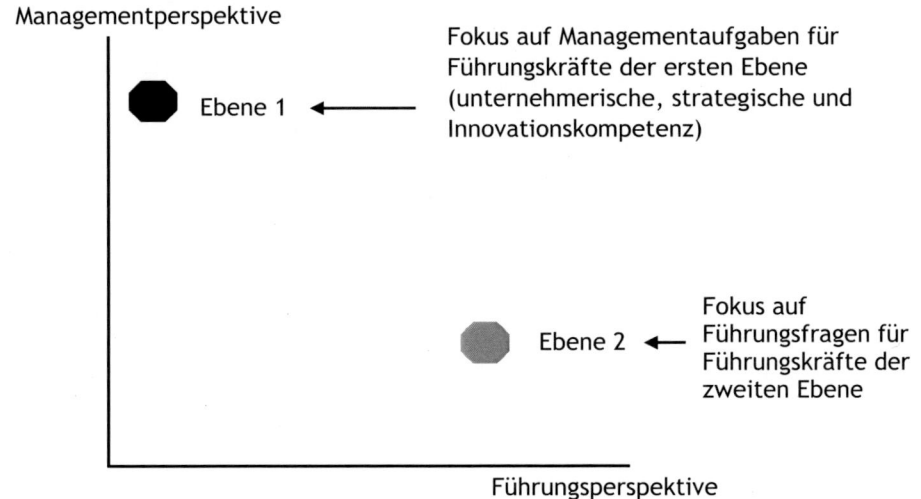

8.2.1 Bestandteile des multimodularen Analysetools

Das Reiss-Profile haben wir bereits ausführlich in Kapitel 7 beschrieben.

Die Entscheidung, ein 270°-Feedback in das Analysetool zu integrieren, erfolgte vor dem Hintergrund, dass Führungskräfte erfahrungsgemäß mit steigender Karrierestufe immer weniger ehrliches Feedback von den Menschen, mit denen sie täglich zusammenarbeiten, erhalten. Dies umfasst die Gruppe der Kollegen, die der Mitarbeiter, denen gegenüber sie weisungsbefugt sind, und auch die eigenen Vorgesetzten. Damit fehlt ihnen in der Regel eine Rückmeldung dazu, wie ihr Verhalten von anderen wahrgenommen wird. Mit dem 270°-Feedback wurde genau diese Perspektive in den gesamten Potenzialanalyseprozess aufgenommen. Das Feedback wurde von Kollegen, Mitarbeitern und Vorgesetzten erhoben und durch eine Selbsteinschätzung ergänzt. Basis für die Entwicklung des Feedbacktools war das Kompetenzmodell des Unternehmens. Neben der Zielsetzung, hieraus Stärken und Entwicklungsfelder für die Teilnehmer abzuleiten, verfolgt das Feedback auch das Ziel, den Führungskräften Informationen über ihre Wirkung und ihre Wirksamkeit im Führungshandeln zu geben. Dabei bot die Selbsteinschätzung den Führungskräften einen zusätzlichen Abgleich zwischen Selbst- und Fremdwahrnehmung und damit wichtige Informationen für die Selbstreflexion.

Anders als in vielen anderen Potenzialeinschätzungsverfahren sollte den Führungskräften in diesem Verfahren keine komplexe analytische Fallstudie geboten werden. Als Führungskräfte der ersten und zweiten Ebene des Unternehmens sind sie zwar wichtige Gestalter und Leistungsmultiplikatoren im Unternehmen und haben eine hohe Verantwortung hinsichtlich der unternehmerischen Leistungsfähigkeit. Doch genauso obliegen ihnen die Mitarbeitermotivation, -zufriedenheit und damit Mitarbeiterbindung. Deshalb wurden sie im Rahmen der Potenzialeinschätzung aufgefordert, sich mit ihrer eigenen Position und Positionierung sowie mit der damit verbundenen Verantwortung und ihrem Wertesystem auseinanderzusetzen, auf dessen Grundlage sie die Position wahrnehmen. Das hierfür gestaltete Selbstreflexionstool wurde entsprechend der Zielsetzung des Verfahrens und der Position der Teilnehmer entwickelt. In Abhängigkeit von der aktuellen bzw. angestrebten Position wurden Leitfragen zur Reflexion der eigenen Positionierung, Wertevorstellungen und zur persönlichen Ausgestaltung ihrer Führungs- bzw. Managementaufgaben vorgegeben. Exemplarische Fragen konnten z. B. sein: „Wie sehe ich meine Rolle und Verantwortung als Führungskraft?", „Welchen Beitrag werde ich zur wirtschaftlichen Weiterentwicklung des Unternehmens leisten?", „Was ist mir bei der Mitarbeiterführung besonders wichtig?" Anhand der Leitfragen bereiteten die Teilnehmer dann eine Präsentation ihrer Selbstreflexion für das nachfolgende Audit vor. Über das Präsentations- und Argumentationsverhalten der Führungskräfte konnten ergänzend noch bestimmte Kompetenzfelder anhand des realen Handelns beobachtet werden.

Nahm ein Teilnehmer zur Klärung von Platzierungsfragen an der Potenzialanalyse teil, richteten sich die Fragen zur Selbstpräsentation an der angestrebten Zielposition aus. Informationen aus den vorherigen Analysetools, wie dem Reiss-Profile und dem 270°-Feedback, wurden ihm zu diesem Zeitpunkt noch nicht zur Verfügung gestellt. Ziel war, die Selbstreflexion und Wertevorstellungen der Führungskraft ohne eine Beeinflussung durch die Ergebnisse zu erfassen.

Sollte eine aktuelle Standortanalyse vorgenommen werden, erhielt der Teilnehmer seiner Position entsprechende Leitfragen. Darüber hinaus wurden ihm bereits vorab die Ergebnisse des Reiss-Profiles und des 270°-Feedbacks zur Verfügung gestellt und auch ausführlich mit ihm besprochen. Vor dem Hintergrund der erhaltenen Informationen zu ihrer Person bearbeiteten die Kandidaten die Selbstreflexionsaufgabe.

Als weiterer Bestandteil wurde ein Tiefeninterview eingesetzt. Das Ziel war die Gewinnung einer strukturierten und umfassenden externen Einschätzung von Potenzialen und Kompetenzen der teilnehmenden Führungskräfte. Hierfür wurden positionsspezifische, teilstrukturierte Interviewleitfäden erarbeitet. Alle Interviewleitfäden basierten auf dem Kompetenzmodell und gewährleisteten Transparenz und Vergleichbarkeit für die gewonnenen Ergebnisse. Ein im Vorfeld definierter Interviewkreis gestaltete das Interview über situative und handlungsorientierte Fragen. An den Interviews nahmen sowohl externe Berater als auch Vertreter des oberen Managements als wichtige Entscheider des Unternehmens teil. Die Einbeziehung wichtiger Entscheider des Unternehmens war für die hier vorgestellte Potenzialeinschätzung von hoher Bedeutung, da sie Voraussetzung für die Akzeptanz und Wertigkeit der gewonnenen Ergebnisse und der daraus abgeleiteten Personalentscheidungen war.

8.2.2 Ergebnisrückmeldung an die Teilnehmer

Direkt im Anschluss an das Audit erhielten alle Teilnehmer ein erstes Kurzfeedback.

- Für die Teilnehmer mit der Zielsetzung „Potenzialanalyse" wurden die Ergebnisse aus dem 270°-Feedback und dem Reiss-Profile integriert.

- Teilnehmer, die im Rahmen einer Platzierungsentscheidung teilnahmen, erhielten hier nur zum Audit Feedback. Rückmeldung zum 270°-Feedback und zum Reiss-Profile erhielten die Kandidaten im ausführlichen Feedbackgespräch.

Im ausführlichen Feedbackgespräch wurden weitere Entwicklungsschritte und -maßnahmen diskutiert und die Platzierungsentscheidungen wurden kommuniziert. Das Gespräch erfolgte, sobald der ausführliche Ergebnisbericht für die Teilnehmer vorlag. Die Ergebnisberichte, die den Teilnehmern, dem Management, aber auch dem Personalbereich zur Verfügung gestellt wurden, umfassten:

- positionsbezogenen Gesamteindruck,
- Stärken und Entwicklungsfelder,
- Empfehlung zu weiteren Karriereschritten,
- Ableitungen aus dem persönlichen Reiss-Profile,
- Ableitungen aus dem 270°-Feedback und
- Platzierungsempfehlung.

Für das Management wurde über die Auswertung aller teilnehmenden Führungskräfte ein Management- und Führungsportfolio erstellt, wobei zwischen der Zielsetzung „Potenzialeinschätzung" oder „Platzierungsentscheidung" unterschieden wurde. Dies sollte dem Management auf einen Blick Informationen dazu geben, welche Führungskräfte mit welchen Kompetenzen und Potenzialen im Unternehmen für die Nachbesetzung von vakanten Positionen zur Verfügung stehen.

8.3 Nutzen und Vorteile multimodularer Analysetools

Potenzial- und Kompetenzanalysen bieten eine zusätzliche Qualität, wenn die möglichen Fehler einzelner Verfahren durch den Einsatz mehrerer unterschiedlicher Verfahren minimiert werden. Vor diesem Hintergrund bietet die Kombination verschiedener diagnostischer Verfahren die Chance, sehr differenzierte und qualifizierte Einschätzungen der Kandidaten aus unterschiedlichen Perspektiven zu gewinnen und den Führungskräften aufgrund der eingesetzten Einzelverfahren einen hohen individuellen Nutzen zu bieten.

Der Nutzen für Unternehmen und Teilnehmer liegt vor allem darin, dass:

- die unternehmensspezifische Konzeption eine Konzentration auf unternehmensrelevante Kern- und Kompetenzfelder gewährleistet,
- unterschiedliche diagnostische Zielsetzungen miteinander verbunden werden können,
- auch höhere Managementebenen ihrer Position angemessen beurteilt werden können,
- die Breite der Informationserhebung eine besonders differenzierte Beschreibung und Dokumentation von Stärken und Entwicklungsfeldern sowie des Potenzials der Kandidaten für weiterführende Positionen erlaubt,
- über die Integration des Managements in die Verfahrensentwicklung und -durchführung eine hohe Akzeptanz und Wertschätzung des Verfahrens und der Ergebnisse bei allen teilnehmenden Führungskräften erreicht wird,
- durch den Einsatz von 270°- oder Kollegenfeedbacks die Potenzial- und Kompetenzeinschätzung nicht nur in den diagnostischen Situationen (z. B. Management Audit) durch Berater oder ausgewählte Beobachter erfolgt. Vielmehr können so auch Einschätzungen von Personen, die täglich mit dem Kandidaten zusammenarbeiten und über Einschätzungen aus vielen Situationen verfügen (Mitarbeiter, Kollegen), integriert werden,
- durch die Integration des Reiss-Profiles und des 270°-Feedbacks den Führungskräften ein maximaler persönlicher Informationsgewinn geboten und die Selbstreflexion wesentlich unterstützt wird. Dadurch wird nicht nur ein Analysetool, sondern bereits ein erstes Entwicklungstool geboten.

9 Potenziale entdecken ohne Zusatzaufwand – bestehende Personalentwicklungs- und Führungsinstrumente nutzen

Nicht immer besteht die Möglichkeit, mit einer zielgruppenspezifisch konzipierten Potenzialanalyse differenzierte Potenzialdaten zu erheben. Trotzdem wollen Sie für Ihre Nachfolgeplanung, Nachwuchskräfteentwicklung oder Ihr Talentmanagement mehr in der Hand haben, als „nur" die Aussage einer Führungskraft oder den Entwicklungswunsch eines Mitarbeiters. In diesem Fall heißt es zu prüfen, welche Instrumente und Möglichkeiten Ihnen zur Potenzial- und Kompetenzeinschätzung – unabhängig von den bisher vorgestellten Instrumenten – zur Verfügung stehen. Welche Verfahren sind bereits in Ihrem Unternehmen etabliert, aus denen Sie Informationen über Leistung und Potenzial von Mitarbeitern ableiten können? Und was können Sie im nächsten Schritt tun, um weitere Informationen ohne großen Aufwand zu gewinnen?

Viele Unternehmen verfügen über Führungs- oder Personalentwicklungsinstrumente, mit denen bereits gute Informationen über Kompetenzen und Potenziale von Mitarbeitern gewonnen werden und die für eine weiterführende Potenzialeinschätzung genutzt werden können:

- Mitarbeitergespräche/Entwicklungsgespräche,
- Mitarbeiterbeurteilungssysteme,
- Zielvereinbarungssysteme,
- Führungskräfte- und Kollegenfeedback bis hin zum 360°-Feedback und
- Entwicklungskonferenzen.

Selbstverständlich wird aus einer Mitarbeiterbeurteilung nicht einfach so eine fundierte Potenzialeinschätzung. Aber bevor Sie bei einer Besetzungsentscheidung gar keine Kompetenzdaten vorliegen haben, ist es besser, möglichst viele Informationen aus den genannten Instrumenten zu gewinnen. D. h., es lohnt sich immer die Frage: „Wie können welche Informationen aus einem bestehenden Feedbackinstrument genutzt werden, um Potenzialaussagen abzuleiten?" Vielleicht kann diese Frage auf den ersten Blick nicht immer leicht beantwortet werden. Dann sollte geprüft werden, ob die etablierten Instrumente einfach und ohne viel Aufwand so angepasst werden können, dass zukünftig Potenzialaussagen daraus gewonnen werden können.

Werden die genannten Instrumente in Unternehmen erst neu entwickelt, bietet dies die Chance, die Instrumente direkt von Beginn an so zu gestalten, dass aus den jährlich oder zweijährlich erfolgenden Beurteilungs- oder Feedbackzyklen auch Potenzialaussagen möglich werden.

Nachfolgend zeigen wir Ihnen einige Aspekte auf, die bei der Entwicklung solcher Instrumente wichtig sind. Welchen Informationsgewinn Sie aus bestehenden Instrumenten ziehen können und welche Möglichkeiten bestehen, die gewonnenen Daten für Potenzialeinschätzungen zu nutzen, erläutern wir in Kapitel 9.2.

9.1 Beurteilungs- und Feedbackinstrumente als Instrumente zur Potenzialableitung implementieren und ausbauen

Bei einer Neuentwicklung der bereits genannten Instrumente sollten diese im Rahmen von Workshops mit wichtigen Entscheidungsträgern des Unternehmens entwickelt werden. Wir empfehlen Ihnen, sich mit Führungskräften und Arbeitnehmervertretung an einen Tisch zu setzen und mit ihnen gemeinsam zu erarbeiten, was Sie für Ihr Unternehmern brauchen und nutzen möchten. Damit integrieren Sie frühzeitig die Interessen der unterschiedlichen Zielgruppen und beugen Widerständen vor.

Bei Mitarbeiter- und Entwicklungsgesprächen müssen die Themen (Rückblick, Ausblick und Entwicklung), zu denen Führungskraft und Mitarbeiter sich austauschen sollen, definiert werden und in einem entsprechenden Gesprächsbogen umgesetzt werden.

Komplexer ist die Entwicklung einer Mitarbeiterbeurteilung. Wesentliche Grundlage bei der Einführung eines Beurteilungsverfahrens ist, dass entweder ein Kompetenzmodell im Unternehmen etabliert ist oder Leistungskriterien definiert werden, die mit der Mitarbeiterbeurteilung erfasst werden sollen. Besteht kein Kompetenzmodell oder Anforderungsprofil im Unternehmen, lässt sich dies, wie in Kapitel 3 beschrieben, in einem ein- bis zweitägigen Anforderungsanalyse-Workshop erarbeiten. Wichtig ist dabei die Frage: „Was ist uns hinsichtlich der Kompetenz- und Potenzialeinschätzung unserer Mitarbeiter wirklich wichtig?" Wir empfehlen, eher wenige Beurteilungskriterien aufzunehmen, als das Instrument und damit Mitarbeiter und Führungskräfte mit einer Vielzahl von Kriterien zu überfordern. Ein Beispiel, bei dem der „gute Wille, alles abzudecken" in der Anwendung zu einem nur schwer handhabbaren Instrument führte, ist das 38 Seiten starke Beurteilungsinstrument eines Unternehmens. Bei diesem Umfang ist leicht vorstellbar, dass besonders Führungskräfte mit einer hohen Führungsspanne aufgrund des enormen Zeitaufwands von dem Beurteilungsverfahren nicht begeistert sein werden.

Um den Prozess der Beurteilung für Führungskräfte und Mitarbeiter so einfach und transparent wie möglich zu halten, ist es darüber hinaus wichtig, für die einzelnen Beurteilungskriterien konkrete Verhaltensbeispiele zu geben, die das gewünschte Verhalten einer Beurteilungsdimension möglichst genau beschreiben.

Für Führungskräfte- bis 360°-Feedbacks müssen ebenfalls die Felder oder Dimensionen, zu denen ein Feedback erfolgen soll, festgelegt und dann die Items hierzu in einem Workshop erarbeitet werden. Je nach Zielsetzung können hierfür Kompetenzmodelle, Unternehmens- oder Führungsleitbilder oder -grundsätze eine gute Grundlage bieten.

Neben der Konzeption des gewünschten Instruments müssen andere wichtige Aspekte geklärt werden. Einige sind auch für die Nutzung der Instrumente zur Gewinnung von Potenzialinformationen wichtig:

- Wie oft soll das Instrument angewendet werden?
- Für wen soll das Instrument angewendet werden?
- Wer bekommt welche Ergebnisinformationen?
- Wie werden die Ergebnisse dokumentiert?
- Wie werden Mitarbeiter und Führungskräfte vorbereitet/trainiert?

- Wie werden die Ergebnisse nachbereitet?
- Wie werden die Potenzialinformationen gewonnen, dokumentiert und weiterverarbeitet?

Auf diese Fragen wollen wir kurz unter besonderer Beachtung der Gewinnung von Potenzialinformationen eingehen.

9.1.1 Wie oft soll das Instrument angewendet werden?

Gerade für die Gewinnung von mitarbeiterbezogenen Leistungsinformationen, aus denen Potenzialeinschätzungen abgeleitet werden sollen, ist es gut, wenn diese in einem regelmäßigen Rhythmus erhoben werden. Ein guter Zyklus ist einmal jährlich. Damit kann die Entwicklung eines Mitarbeiters kontinuierlich verfolgt werden. Dies wird in der Regel für die Mehrzahl der genannten Instrumente in Unternehmen so umgesetzt. Bei Führungskräfte- und 360°-Feedbacks erfolgen Befragungen z. T. nur alle zwei Jahre.

9.1.2 Für wen soll das Instrument angewendet werden?

Einige der Instrumente werden nicht auf alle Mitarbeiter angewendet. Z. T. werden Zielvereinbarungen nur bis zu einer bestimmten Ebene im Unternehmen durchgeführt. Hier müssen Sie klären, welcher für Ihr Unternehmen der richtige Weg ist. 180°- bis 360°-Feedbackinstrumente finden vorwiegend bei Führungskräften Anwendung. Existiert nicht parallel ein Beurteilungsverfahren oder Mitarbeitergespräch im Unternehmen, fehlen dann allerdings Leistungs- und Potenzialdaten für die Mitarbeiterebene. Überlegen Sie hier, wie Sie das Informationsdefizit ausgleichen können, besonders dann, wenn Sie auch Potenzialinformationen für Nachwuchskräfte gewinnen wollen.

9.1.3 Wer bekommt welche Ergebnisinformationen?

Diese Frage führt häufiger zu umfangreichen Diskussionen im Unternehmen. Wir kennen Unternehmen, in denen die Arbeitnehmervertretung die Informationsweitergabe stark beschränkt hat. Bei Mitarbeitergesprächen und auch Beurteilungen darf z. B. entweder nur die Information zur Mitarbeiterförderung oder sogar nur die Information „Gespräch wurde geführt" an den Personalbereich weitergegeben werden. Selbstverständlich muss die Datenweitergabe auch im Interesse der Mitarbeiter geregelt sein. Dazu gehört z. B., dass nicht jede Person alle Informationen beliebig einsehen kann. Wollen Sie die Instrumente allerdings zur Potenzialeinschätzung nutzen, ist es natürlich wichtig, mehr vom Mitarbeiter zu erfahren, wie z. B.:

- Wo liegen besondere Stärken?
- Wo liegen seine Defizite?
- Welche beruflichen Perspektiven, welche Entwicklungswünsche hat der Mitarbeiter?
- Welche Perspektiven sieht der Vorgesetzte für seinen Mitarbeiter?
- Welche Fördermaßnahmen wurden vereinbart?
- Welche Fördermaßnahmen hat der Mitarbeiter bereits erfolgreich absolviert?

Vor diesem Hintergrund sollten Sie dafür Sorge tragen, dass klar geregelt ist, welche Informationen, in welchem Umfang, wer, wann erhält.

9.1.4 Wie werden die Ergebnisse dokumentiert?

Wollen Sie die Daten nutzen, um Mitarbeiter in ihrer Entwicklung zu unterstützen und Potenziale einzuschätzen, müssen die Daten im Personalbereich, der Personalentwicklung oder in der Personalakte hinterlegt werden dürfen. Nur wenn Beurteilungen, Aufgabenwechsel, Beförderungen und Qualifizierungsmaßnahmen über eine gewisse Zeit dokumentiert werden, können hieraus valide Potenzial- und Entwicklungsinformationen gewonnen werden. Besteht die Möglichkeit, die Daten EDV-technisch aufzuarbeiten, lässt sich die Entwicklung von Mitarbeitern auch sehr gut grafisch abbilden.

9.1.5 Wie werden Mitarbeiter und Führungskräfte vorbereitet/trainiert?

Dies ist ein Aspekt, der aus unserer Sicht von besonderer Bedeutung ist.

In zahlreichen Unternehmen und verschiedenen Branchen haben wir die Konzeption und Implementierung von Beurteilungs-, Entwicklungs-, Feedback- oder auch Zielvereinbarungsinstrumenten begleitet. Dieser Umstand und die Zusammenarbeit mit Führungskräften und HR-Verantwortlichen im Rahmen anderer Projekte erlauben uns, immer wieder verschiedene Instrumente und deren Handhabung kennenzulernen. Betrachtet man die Vielfalt der im Unternehmen eingesetzten Instrumente, lassen sich von der Konzeption her sicherlich bessere und auch schwächere Verfahren unterscheiden. Dennoch wagen wir die Aussage, dass nicht in erster Linie das Instrument an sich über die Qualität der daraus gewonnenen Kompetenz- und Potenzialaussagen entscheidet. Unserer Erfahrung nach ist vielmehr die Handhabung des Instruments im Unternehmen erfolgsentscheidend – wie wird das Instrument von Führungskräften und Mitarbeitern bewertet und genutzt? Manche Mitarbeiter und Führungskräfte erleben es eher als Pflichtübung, die irgendwie erledigt werden muss, und weniger als Unterstützung im Führungsalltag. Teilweise entspricht das Feedback – aus welchen Gründen auch immer – zu wenig der Realität, um damit aussagekräftige Leistungsinformationen gewinnen zu können oder um für stimmige Potenzialeinschätzungen nutzbar zu sein. Ein Beispiel soll dies illustrieren:

> In einem Kundenunternehmen waren Zielvereinbarungen in Kombination mit Leistungsbeurteilungen seit Längerem als Führungsinstrument etabliert. Die Handhabung des Instruments wurde noch einmal in eine neu etablierte Führungskräfteausbildung aufgenommen. Dabei lag ein Hauptaugenmerk darauf, den Führungskräften nahezubringen, wie sie realistische Ziele vereinbaren und die Zielerreichung stimmig beurteilen. Diesbezüglich hatten die Personalverantwortlichen den Eindruck, dass die Führungskräfte diesen Aspekt nicht immer richtig handhaben. Hintergrund hierzu war, dass die Zielerreichung des Unternehmens immer unter der durchschnittlichen Zielerreichung der Mitarbeiter lag. Es war fast zur Gewohnheit geworden, die Zielerreichungen mit deutlich über 100 Prozent zu bewerten. Die Führungskräfte wollten ihren Mitarbeitern damit eine spürbare Prämie zukommen lassen. Durch die-

> se Handhabung des Instruments wurde die Prämie von den meisten Mitarbeitern inzwischen schon als fester Gehaltsbestandteil betrachtet. In den Diskussionen mit den Führungskräften zur richtigen Handhabung des Instruments machten diese zwar deutlich, dass sie den Konflikt einsahen, dass sie aber auch nicht anders agieren könnten, solange alle anderen (Führungskräfte, die nicht an der Qualifizierung teilnahmen) die Zielbeurteilung wie bisher handhaben würden. Das wäre ungerecht gegenüber ihren Mitarbeitern und würde auch nicht akzeptiert werden.

In diesem Fall hat die Zielerreichung nichts mit der realen Leistung der Mitarbeiter zu tun und erlaubt daher auch keine weiterführenden Rückschlüsse. Das Beispiel macht deutlich, welche Bedeutung dem Training und der Ausbildung der Führungskräfte in der Handhabung des eingesetzten Führungsinstruments zukommt. Die richtige Handhabung ist entscheidend für die Qualität der diagnostischen Aussagen und den Nutzen des Verfahrens.

Vor diesem Hintergrund sind folgende Aspekte zentrale Bestandteile der Führungskräfteausbildung:

1. Zielsetzung des Instruments
2. Handhabung des Instruments
3. Gestaltung des Gesamtprozesses
4. Vergabe einer realistischen Leistungseinschätzung

    Wichtig ist, den Führungskräften zu vermitteln, dass bei der Mitarbeiterbeurteilung die Leistung/Kompetenz bzw. das Potenzial, das bei einem Mitarbeiter im zurückliegenden Jahr beobachtet werden konnte, beschrieben wird. Bei der Zielvereinbarung ist es der Grad der Zielerreichung. Hierzu ist es wichtig, dass die Führungskräfte lernen, richtig einzuschätzen, was eine hundertprozentige Mitarbeiterleistung auszeichnet und wann eine höhere oder niedrigere Leistung vorliegt. Hierfür benötigen die Führungskräfte ein umfassendes Training sowie eine regelmäßige Auffrischung und Wiederholung. Dabei müssen die Führungskräfte realisieren, dass sie von der Mehrzahl der Mitarbeiter (ca. 70 Prozent) eine Leistung von 100 Prozent bekommen und das dies auch in Ordnung ist. Deutlich höhere Leistungen werden nur von 10 bis 15 Prozent der Mitarbeiter erbracht.

Besonders kritisch ist die Leistungsbeurteilung dann, wenn diese mit finanziellen Anreizen kombiniert ist, wie z. B. variablen Vergütungsbestandteilen. In diesem Fall führen Führungskraft und Mitarbeiter häufig kein offenes, auf Verbesserung ausgerichtetes Beurteilungsgespräch mehr, sondern vielmehr eine Gehaltsverhandlung. Wir empfehlen daher, Beurteilung und Gehaltsverhandlung strikt voneinander zu trennen. Aus unserer Erfahrung ist es nur wenigen Führungskräften möglich, Leistung und Potenzial bzw. Kompetenz der Mitarbeiter tatsächlich authentisch einzuschätzen, wenn daran Gehaltsentwicklungen gebunden sind.

Dieser Aspekt ist auch vor einem weiteren Hintergrund wichtig: Gerade dann, wenn Sie ein Führungsinstrument nutzen wollen, um Potenziale einzuschätzen, müssen Sie sich darauf verlassen können, dass die Beurteilung mit der realen Leistung des Mitarbeiters übereinstimmt. Anderenfalls werden Sie ggf. die falschen Mitarbeiter als Potenzialträger identifizieren.

5. Vergabe von realistischem, konstruktivem und entwicklungsorientiertem Feedback

Mit den Führungskräften muss außerdem trainiert werden, kritische Leistungsaspekte offen gegenüber dem Mitarbeiter anzusprechen. Viele Führungskräfte scheuen sich davor und wollen eine ihnen unangenehme Auseinandersetzung mit den Mitarbeitern lieber vermeiden. Damit sind die Leistungseinschätzungen aber nicht für die Talentidentifizierung verwertbar.

Der Vollständigkeit halber sei an dieser Stelle kurz angesprochen, dass bei 180°- bis 360°-Feedbacks Mitarbeiter und Führungskräfte auf den richtigen Umgang mit dem Feedbackverfahren und den Ergebnissen hingewiesen werden müssen. Am besten werden Sie im Auswertungsprozess begleitet, um einen hohen Nutzen für die Zusammenarbeit generieren zu können.

6. Vermeidung von Beobachtungs- und Bewertungsfehlern

Hierbei geht es darum, dass Führungskräfte für ihre eigene Subjektivität und für Fehler, die allen Menschen bei der Einschätzung (Wahrnehmung und Beurteilung) der Leistung anderer Menschen unterlaufen, sensibilisiert werden. Ziel ist, die Führungskräfte dazu zu bringen, bei der Beurteilung von Mitarbeiterleistungen und Zielerreichungsgraden immer wieder selbstkritisch zu prüfen, ob sie wirklich realistisch bewerten oder evtl. einem Wahrnehmungs- oder Beurteilungsfehler unterliegen.

7. Vermittlung des Verständnisses, dass eine Mitarbeiterbeurteilung oder Potenzialeinschätzung immer eine aktuelle Momentaufnahme ist

    Es ist wichtig zu vermitteln, dass Leistung bzw. Potenzial nichts ist, was endgültig festgeschrieben wird oder was zwangsläufig von Jahr zu Jahr steigt. Im Alltag erleben wir immer wieder, dass Führungskräfte meinen, einem Mitarbeiter, der im ersten Jahr 100 Prozent Potenzial bzw. Kompetenz erreicht hat, im darauffolgenden Jahr mehr Potenzial oder Kompetenz bescheinigen zu müssen. Hat der Mitarbeiter an Entwicklungsmaßnahmen teilgenommen, denkt die Führungskraft vielleicht noch eher, sie müsse ihn jetzt besser beurteilen. Das hat die Konsequenz, dass Beurteilungen über die Jahre immer besser werden und viele Beurteilungen im überdurchschnittlichen Bereich liegen, was der Realität der Leistungsverteilung im Unternehmen jedoch nicht entspricht und schlussendlich zu falschen Ableitungen im Rahmen von Potenzialeinschätzungen führt.

In der Regel schulen Unternehmen ihre Führungskräfte in der Handhabung von Beurteilungs- und Zielvereinbarungsinstrumenten. Diese Investition ist richtig und wichtig. Wenn Sie eine entsprechende Schulung für Ihre Führungskräfte gestalten wollen, planen Sie dafür mindestens einen Tag ein. Ein halber Tag ist aus unserer Erfahrung zu kurz. In dieser Zeit schaffen Sie es höchstens, das Instrument vorzustellen und theoretische Inhalte zur Gesprächsführung zu vermitteln. Zeit für das Üben von Gesprächen und der richtigen Kommunikation von positivem wie kritischem Feedback haben Sie aber nicht. Dabei sind gerade diese Aspekte besonders wichtig für die richtige und erfolgreiche Nutzung des Instruments.

Mitarbeiter werden nur von wenigen Unternehmen auf das Führen von Mitarbeiter-, Beurteilungs- oder Zielvereinbarungsgesprächen vorbereitet. Z. T. sind es zu viele Mitarbeiter und damit eine zu hohe Investition. Wir haben bisher nur zwei Unternehmen begleitet, die auch ihre Mitarbeiter geschult haben. Wenn Sie keine Schulung für Mitarbeiter durchführen können, sollten Sie wenigstens ausführliches Informationsmaterial zusammenstellen oder Informationsveranstaltungen für eine jeweils größere Zielgruppe durchführen. Mitarbeiter sollten über Ziele und Nutzen des Instruments, ihre Rolle, ihre aktive Mitgestaltung im Gespräch und ihre Rechte informiert werden.

9.1.6 Wie werden in der Ergebnisnachbereitung die Potenzialinformationen gewonnen, dokumentiert und weiterverarbeitet?

Dieser Aspekt betrifft direkt die Möglichkeit der Datenauswertung durch den Personalbereich, um Potenzialinformationen zu gewinnen. Das Ziel sollte sein, die Leistungsentwicklung, den Wissens- und Kompetenzaufbau, die Entwicklungsziele des Mitarbeiters sowie die Einschätzung der Entwicklungsmöglichkeiten durch die Führungskraft kontinuierlich auszuwerten und zu dokumentieren. Nur wenn Sie diese Informationen haben, können Sie Ihren Auftrag erfüllen, Mitarbeiter und Führungskräfte bei der Mitarbeiterentwicklung zielführend zu unterstützen sowie Talente zu erkennen und zu fördern. Nur wenn Sie in der Lage sind, zu erkennen, dass ein Mitarbeiter kontinuierlich überdurchschnittliche Leistungen erbringt und eigene Entwicklungsperspektiven benennt, können Sie aktiv auf die Führungskraft und den Mitarbeiter zugehen und ein entsprechendes Beratungsgespräch mit ihnen führen. Neben dieser gezielten Entwicklungsunterstützung von Leistungsträgern gehört zur zentralen Aufgabe der Personalentwicklung in der Nachbereitung von Beurteilungs- und Feedbackverfahren auch die Unterstützung von leistungsschwachen Mitarbeitern. Bei beiden Mitarbeitergruppen empfehlen wir, das Gespräch mit der jeweiligen Führungskraft zu suchen und sie hinsichtlich der Möglichkeiten, die sie zur Mitarbeiterförderung nutzen kann, zu beraten. Dazu gehören sowohl Förderungen on-the-Job, die von der Führungskraft selbst geleistet werden, als auch Maßnahmen off-the-Job. Bei Maßnahmen off-the-Job kann der Personalbereich die Führungskraft durch beratende und organisatorische Leistungen unterstützen. Die Mitarbeiterförderung liegt aber in der direkten Verantwortung der Führungskraft.

9.2 Aus Führungs- und Personalentwicklungsinstrumenten Potenzialinformationen gewinnen

Beurteilungsaspekte sind in allen genannten Instrumenten enthalten. Selbst im Mitarbeiter- und im Entwicklungsgespräch erhalten Sie über die Gesprächsthemen eine Leistungsbeurteilung des Mitarbeiters, auch wenn diese vielleicht in Stichworten oder als Freitext erfolgt. Gesprächsinhalte sind dabei:

- Rückblick auf das zurückliegende Jahr
- Bilanz: Was war gut, was war nicht so gut?
- Bilanz: Wo gab es Erfolge, wo Misserfolge?

Differenzierter ist die Leistungsbeurteilung bei Mitarbeiterbeurteilungssystemen, da die Leistung hier anhand dezidierter Leistungskriterien differenziert beurteilt wird. Bei Zielvereinbarungen gewinnen Sie die Leistungsinformationen aus dem Zielerreichungsgrad und bei Feedbackverfahren aus der Einschätzung, die der Feedbackempfänger von seinen Feedbackgebern erhält.

Ihre Aufgabe ist es jetzt, aus den vorliegenden Leistungsinformationen Potenzialinformationen zu gewinnen.

9.2.1 Potenzialaussagen aus der aktuellen Leistung

Ein Mitarbeiter, der in seiner aktuellen Aufgabe keine überdurchschnittlichen Leistungen erbringt, wird kaum über das notwendige Leistungsvermögen für eine weiterführende Aufgabe, ganz gleich ob fachlich oder überfachlich, verfügen. Eine Führungskraft, die von ihren Mitarbeitern durchgängig kritisches Feedback erhält, empfiehlt sich nicht für die Übernahme höherer Führungsaufgaben. Aus den Führungsinstrumenten gewinnen Sie über die aktuellen Leistungen Aussagen dazu, wo im Unternehmen Leistungsträger sitzen, die ggf. auch das Potenzial für andere Aufgaben haben. Um diese sollten Sie sich kümmern.

9.2.2 Potenzialaussagen aus der Betrachtung der Leistungsentwicklung im zeitlichen Verlauf

Die Leistungsentwicklung über einen bestimmten Beobachtungszeitraum, aber z. B. auch durch Qualifizierungen, gibt ihnen Informationen über das Leistungsvermögen und die Förderbarkeit eines Mitarbeiters.

9.2.3 Integration expliziter Potenzialaussagen in das Instrument

Soweit Sie nicht schon darüber verfügen, ergänzen Sie das bestehende Instrument um Felder für eine Potenzialeinschätzung durch den Vorgesetzten. Die Fragen können z. B. das Entwicklungspotenzial aus Sicht der Führungskraft und den hierfür notwendigen Zeitrahmen, die Entwicklungsziele des Mitarbeiters oder Qualifizierungsmaßnahmen zum Ausbau vorhandener Potenziale betreffen.

Wichtig ist zu vermitteln, dass dies keine „Mussfelder" sind. Bei Beurteilungsverfahren können Sie die Führungskräfte bitten, neben der Einschätzung der aktuellen Leistung in einem Kriterium eine Einschätzung des Entwicklungspotenzials des Mitarbeiters zu geben (siehe **Abbildung 9.1**). Auch dies sollte kein „Muss" sein. Nicht jeder Mitarbeiter verfügt über das Potenzial, seine Leistungen in bestimmten Kompetenzen auszubauen. Muss hier Potenzial angegeben werden, kann dies wiederum zu Fehleinschätzungen führen.

Abbildung 9.1: Potenzialeinschätzung während des Beurteilungsverfahrens

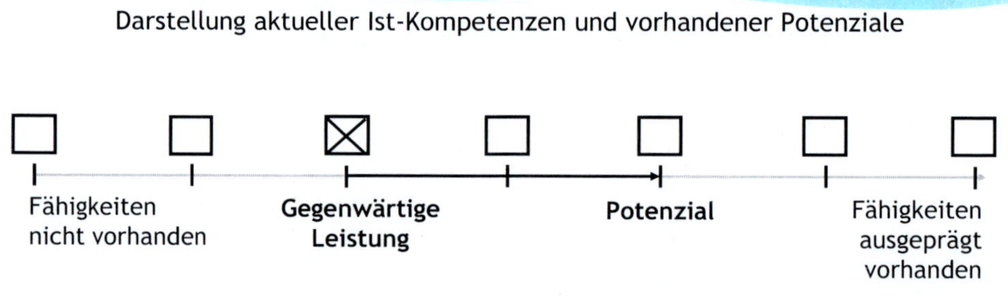

Darstellung aktueller Ist-Kompetenzen und vorhandener Potenziale

☐ ☐ ☒ ☐ ☐ ☐ ☐

Fähigkeiten nicht vorhanden | Gegenwärtige Leistung | Potenzial | Fähigkeiten ausgeprägt vorhanden

Bei Zielvereinbarungssystemen können Sie ein Feld einfügen, in dem Sie die Führungskräfte bitten, die besonderen Kompetenzen und Potenziale des Mitarbeiters zu beschreiben, die ihn befähigen, eine überdurchschnittliche Zielerreichung zu erbringen.

9.2.4 Potenzialaussagen aus Entwicklungsgesprächen mit der Führungskraft

Erkennen Sie aus den vorliegenden Daten, dass ein Mitarbeiter sehr gute Leistungen erbringt, suchen Sie das Gespräch mit seinem beurteilenden Vorgesetzten. Im persönlichen Gespräch können Sie die bisherige Entwicklung des Mitarbeiters und die für die Führungskraft erkennbaren Potenziale besprechen. Auf dieser Basis können Sie gemeinsam entscheiden, ob ein Gespräch mit dem Mitarbeiter zu seiner weiteren beruflichen Förderung geführt werden soll und ob explizite Maßnahmen eingeleitet werden sollen. Hier ist dann ggf. auch der nächsthöhere Vorgesetzte einzubeziehen und zu befragen.

9.2.5 Potenzialaussagen aus dem Mitarbeiterportfolio

Aus den Ihnen vorliegenden Daten können Sie ein Portfolio zu Leistungen und Potenzialen der Mitarbeiter erstellen. Damit können Sie potenzielle Talente sehr schnell identifizieren. Auch für das Management ist dies eine wichtige Übersicht, aus der schnell zu erkennen ist, wie die Verteilung von Potenzial und Leistung im eigenen Unternehmen ist (siehe **Abbildung 9.2**).

Mitarbeiterbeurteilungssysteme, Zielvereinbarungssysteme, aber auch Entwicklungsgespräche sind immer in deutlicher Abhängigkeit von der Beurteilungs- und Feedbackkompetenz des jeweiligen Vorgesetzten zu sehen. Um diese subjektive Abhängigkeit zu relativieren und ein valideres Maß der Kompetenz- und Potenzialeinschätzung zu etablieren, hat es sich bewährt, Performance- oder Entwicklungskonferenzen durchzuführen (vgl. Kapitel 2.11). Ziel dieser Konferenzen ist, die Einschätzung des Potenzials und der Kompetenzen von Mitarbeitern durch ihre Führungskräfte einer kritischen kollegialen Prüfung zu unterziehen. Die Entwicklungskonferenzen sind in der Regel mit wichtigen Entscheidungsträgern aus dem Management sowie mit Vertretern der Personalabteilung besetzt.

Letztendlich soll in Entwicklungskonferenzen eine abschließende Entscheidung darüber getroffen werden, ob ein bestimmter Mitarbeiter, der durch seine Führungskraft sehr gut und als Potenzialträger oder Talent beurteilt wurde, weiter gefördert und befördert wird.

Abbildung 9.2: Portfolio zur Identifikation der Leistungsträger und Ableitung konkreter Maßnahmen

Mitarbeitereinschätzung hinsichtlich Leistung und Potenzial

Leistung	gering	mittel	hoch
überdurchschnittlich	*Leistungsträger* in jetziger Position belassen	Fördern Entwicklungsziel genau prüfen, nicht zu hoch ansetzen	*Talente/High Potentials* fördern
durchschnittlich			Leistung in Position ausbauen & dann neu bewerten
unterdurchschnittlich	*Problemfälle* überprüfen		*Fragezeichen* (bei neuen Mitarbeitern in Ordnung)

Potenzial

9.2.6 Potenzialaussagen aus Performance- und Entwicklungskonferenzen

Hierfür müssen den Entscheidungsträgern in der Konferenz alle Beurteilungsergebnisse eines Mitarbeiters vorliegen. Die einschätzende Führungskraft ist gefordert, die Beurteilung des Mitarbeiters vor dem Entscheidungsgremium zu begründen und aufzuzeigen, warum dieser Mitarbeiter aus ihrer Sicht besonders förderungsfähiges Potenzial bzw. das Potenzial zur Übernahme weiterführender Aufgaben besitzt. Damit wird nicht nur eine Konsolidierung und Überprüfung der gegebenen Kompetenz- und Potenzialeinschätzungen erreicht, sondern es wird noch ein weiterer wesentlicher und sehr positiver Aspekt realisiert: Durch das Vorstellen von Potenzialträgern in der Entwicklungskonferenz werden diese im Unternehmen und bei wichtigen Entscheidungsträgern bekannt gemacht. Durch die Bekanntheit im und die Aufmerksamkeit durch das Management fällt die Förderung der Potenzialträger im Rahmen eines Talentmanagements oder einer Nachwuchskräfteförderung sehr viel leichter. Denn es kann gewährleistet werden, dass diese Potenzialträger bei bestimmten herausfordernden Aufgabenstellungen, Projekten, aber auch bei Nach- und Neubesetzungen beachtet werden. Hierzu leistet die Diskussion der Kandidaten in der Entscheiderkonferenz einen wertvollen Beitrag.

Mit einer Entwicklungskonferenz wird darüber hinaus ein dritter Aspekt realisiert: Die Führungskräfte des Unternehmens übernehmen mit der gemeinsamen Diskussion potenzieller Talente eine gemeinsame Verantwortung für die Nachwuchskräfteförderung. Abteilungs- und bereichsbezogenes Denken wird aufgebrochen, wenn die Talente im Unternehmen bekannt sind. Damit wird eine wirklich bereichsübergreifende Nachwuchskräfteförderung möglich.

9.2.7 Potenzialaussagen aus der Nutzung von Self- und Online-Assessments

Eine weitere Möglichkeit zur Absicherung der erhaltenen Potenzialeinschätzung bieten Self- und Online-Assessments. Beim Self-Assessment (auch diese erfolgen häufig online) wird der Kandidat in der Regel gebeten, anhand im Vorfeld definierter Talent- oder Potenzialkriterien eine Selbsteinschätzung abzugeben. Häufig wird diese mit einer Fremdeinschätzung durch den Vorgesetzten kombiniert.

Sinnvoll ist, dass aufgrund der Selbst- und Fremdeinschätzung ein Dialog zwischen dem Vorgesetzten und dem Mitarbeiter oder zwischen Mitarbeiter und Personalabteilung erfolgt. Dieser Dialog ermöglicht es, die Selbst- und Fremdeinschätzung abzugleichen, zu diskutieren und Entwicklungsmaßnahmen oder nächste Entwicklungsschritte abzuleiten. Solche onlinegestützten Selbsteinschätzungsinstrumente können z. B. auch genutzt werden, um die Anforderungen, die an Talente gestellt werden, bei den Mitarbeitern bekannt zu machen. Das bietet ihnen die Möglichkeit, diese Kriterien für sich selbst einzuschätzen und zu reflektieren, inwieweit sie schon über die für eine entsprechende Aufgabenübernahme notwendigen Kompetenzen verfügen.

Z. T. werden im Rahmen der Potenzialeinschätzung auch Online-Assessments in dem Sinne genutzt, dass den Kandidaten bestimmte Führungssituationen beschrieben werden und sie angeben müssen, welche Entscheidung sie persönlich in der betreffenden Führungssituation treffen würden. Vergleichbar zu einem Assessment-Center werden die Güte und Qualität der getroffenen Entscheidung hinsichtlich bestimmter Kompetenzkriterien ausgewertet.

Eine weitere Möglichkeit der Selbsteinschätzung und Selbstreflexion bieten Motivationsschreiben (vgl. Kapitel 2.11). Bekunden Mitarbeiter ihr Interesse an einer weiterführenden Position, können Sie sie bitten, z. B. zu folgenden Fragen Stellung zu nehmen:

- Was sind meine persönlichen Entwicklungsziele?
- Welche Stärken qualifizieren mich für die Übernahme der Position?
- Welche Kompetenzfelder will ich noch bis wann und wie ausbauen?
- Was motiviert mich, eine weiterführende Position anzustreben? Worin sehe ich dabei meinen persönlichen Nutzen?
- Welche Verantwortung verbinde ich mit der Position?
- Was werde ich in der Position konkret tun, um einen aktiven Beitrag zum Unternehmenserfolg zu leisten?
- Wie definiere ich meine Rolle und Verantwortung als Führungskraft und was ist mir in meinem Führungshandeln besonders wichtig?

Mit einem solchen Schreiben gewinnen Sie wichtige Informationen zu den Kandidaten, vor allem aber zu ihrer Motivation und ihren Werten. Das Schreiben wird auch deutlich machen, ob ein Kandidat tatsächlich schon über die notwendige Reife für eine weiterführende Position verfügt und ob er diese im Sinne des Unternehmens wahrnehmen würde. Wenn Sie die Herausforderung steigern wollen, können Sie die Kandidaten ihre Überlegungen vor dem Entscheidergremium der Entwicklungskonferenz präsentieren lassen.

9.3 Qualitätsgewinn durch die Kombination verschiedener Instrumente

Wenn wir die unterschiedlichen Beurteilungs- und Feedbackinstrumente im Unternehmen betrachten, überfordern wir ein einzelnes Instrument wahrscheinlich, wenn allein daraus fundierte Potenzial- und Kompetenzaussagen abgeleitet werden sollen. Von daher verbessert sich die Qualität der gewonnenen Informationen, wenn verschiedene Instrumente miteinander kombiniert werden. So ist es z. B. möglich, einen soliden Potenzialanalyseprozess zu gestalten, der auf einer jährlichen Mitarbeiterbeurteilung und einem evtl. daran angeschlossenen Zielvereinbarungssystem beruht. Sind die Führungskräfte gefordert, ihre Beurteilung eines Mitarbeiters in einer Entwicklungskonferenz zu vertreten, steigt höchstwahrscheinlich auch das Qualitätslevel der Mitarbeiterbeurteilung, da leichtfertig gegebene, „zu gute" Beurteilungen eher vermieden werden. Wird in einer Entwicklungskonferenz die Entscheidung getroffen, dass es sich bei einem bestimmten Mitarbeiter um eine potenzielle Nachwuchskraft oder ein Talent handelt, kann dieser Mitarbeiter weitere Einschätzungsinstrumente durchlaufen. Hierbei kann es sich z. B. um ein Online-Assessment, einen Selbstbeschreibungsfragebogen oder auch Persönlichkeitsfragebogen handeln. Zu den Ergebnissen kann dann mit Vertretern der Personalabteilung ein intensiver Entwicklungsdialog geführt werden, der die Potenzialeinschätzung abrundet.

Nimmt ein Kandidat z. B. an einem Förderkreis teil, bieten Kollegen- und Mentorenfeedbacks eine Möglichkeit, die Potenzialentwicklung der Kandidaten zu beobachten. Wenn die Informationen aus allen Instrumenten zusammengeführt und in einer zentralen Datenbank gespeichert sowie das Wissen zu Kompetenzen und Potenzialen eines Teilnehmers im Unternehmen transparent gemacht werden, besteht eine hohe Chance, dass Teilnehmer schnell eine Position erreichen, die ihren Potenzialen entspricht.

10 Ungeeignet – was nun? Wie Sie den Verliererstempel vermeiden

Eine wichtige Frage, die im Zusammenhang mit Potenzial- oder Kompetenzeinschätzung immer wieder auftaucht, ist die Frage, wie Frustrationen von Teilnehmern, die den gestellten Anforderungen nicht entsprechen, minimiert werden können.

Das wichtigste Kriterium ist aus unserer Erfahrung, offen und ehrlich mit Verfahren der Potenzial- oder Kompetenzeinschätzung umzugehen, denn ein Verfahren ganz ohne Verlierer gibt es nicht. Wenn Potenzialanalysen in Unternehmen eingesetzt werden, verfolgen sie die Zielsetzung, Informationen darüber zu geben, welche Mitarbeiter mögliche Leistungsträger des Unternehmens sind oder in Zukunft werden können und welche nicht zu dieser Gruppe gehören. Mit einer Einschätzung als Potenzial- und Leistungsträger sind zudem häufig auch die weitere Förderung und Karriereplanung eines Mitarbeiters verbunden. Werden Mitarbeiter dagegen nicht als Leistungsträger eingeschätzt, erhalten sie zwar Personalentwicklungsmaßnahmen, werden aber in der aktuellen Nachwuchsplanung vorerst nicht berücksichtigt. Je nach persönlicher Selbsteinschätzung und Karrierevorstellung eines Mitarbeiters ist das durchaus frustrierend. Darüber hinaus bleibt festzuhalten, dass kein Mensch wirklich gern hört, dass er die Anforderungen für eine bestimmte Zielposition oder den nächsten Karriereschritt (noch) nicht erfüllt.

Wir glauben aber auch, dass die Vergabe eines kritischen oder nicht für eine Besetzungsentscheidung ausreichenden Feedbacks an den Teilnehmer nicht zur völligen Demotivation führen muss. Dass dies möglich ist, macht folgende Teilnehmeraussage deutlich: Nach der Teilnahme an einem Assessment-Center führte ein Teilnehmer aus, dass dies das beste Training gewesen sei, an dem er bisher teilgenommen habe. Die Teilnahme erfolgte an einem reinen Assessment-Center mit hohem diagnostischem Anspruch. Trotzdem war es so gestaltet, dass der Teilnehmer das Verfahren als Training für sich selbst mit einem hohen individuellen Nutzen ganz unabhängig von den konkreten Ergebnissen erlebt hatte. Wenn es gelingt, ein Verfahren zu gestalten, in dem die Teilnehmer neben der Empfehlung für eine Position einen hohen persönlichen Lerngewinn haben, werden sie die Ergebnisse leichter akzeptieren können. Dann ist schon einen wesentlicher Schritt zur Minimierung einer Verlierer-Problematik vollzogen.

Wenn Sie also Potenzial- und Kompetenzeinschätzungen durchführen, ist es wichtig, diese so zu gestalten, dass die Teilnehmer allein aufgrund der Teilnahme am Verfahren einen maximalen persönlichen Nutzen und ersten Lerngewinn erzielen. Hierbei spielt es keine Rolle, ob es sich um ein Assessment-Center, ein Audit, um verschiedene Fragebögen oder andere in diesem Buch vorgestellte Verfahren handelt. Dies können Sie durch die Art der gebotenen Aufgabenstellungen, aber insbesondere auch durch die Art der Durchführung gewährleisten. Hinsichtlich der Art der Aufgabenstellung ist es sicherlich in vielen Situationen wichtig, dass ein enger Bezug zur beruflichen Realität besteht bzw. die Teilnehmer diesen herstellen können. Hinsichtlich der Gestaltung der Durchführung einer Potenzialeinschätzung gehen wir davon aus, dass die Situation an und für sich für die Mehrzahl der Teilnehmer schon stressbesetzt ist und die Erzeugung von weiterem Druck und Stress nicht notwendig ist. Unserer Erfahrung nach wird die Qualität der Ergebnisse dadurch nicht verbessert, aber die Akzeptanz bei den Teilnehmern evtl. deutlich verschlechtert und damit auch die Akzeptanz der Ergebnisse in Frage gestellt. Lehnt ein Teilnehmer ein Verfahren aufgrund der für ihn unangenehmen Gestaltung ab, ist er häufig auch nicht bereit, die Ergebnisse und Einschätzungen seiner Kompetenzen und Potenziale wirklich zu akzeptieren.

Richtig und wichtig für die Minimierung der Verlierer-Problematik ist auch, dass im Nachgang zu einem Potenzialanalyseverfahren eine intensive Auseinandersetzung mit der weiteren beruflichen Entwicklung jedes Teilnehmers stattfindet, sei es durch einen Vertreter der Personalabteilung oder den jeweiligen Vorgesetzten. Das bedeutet nicht unbedingt die Planung von weiteren Karriereschritten oder die Übernahme einer neuen Position. Vielmehr betrifft es die Planung von Personalentwicklungsmaßnahmen on- oder off-the-Job, um vorhandene Stärken und Kompetenzfelder weiter auszubauen, Potenziale zu stärken und in Kompetenzen zu verwandeln. Da wo es notwendig ist, sollten auch Schwächen durch entsprechende Trainings und Lernchancen minimiert werden. Grundsätzlich gilt unserer Einschätzung nach hier der Satz: keine Potenzialeinschätzung ohne Personalentwicklung.

Häufig liegt hier aber auch eines der größten Dilemmata in Unternehmen. Die Durchführung der Potenzialeinschätzung, die Erstellung der Ergebnisberichte und auch das Feedback an die Teilnehmer gelingen in der Regel sehr gut. Schwierig wird es dann bei der Umsetzung der Personalentwicklungsmaßnahmen. Selbstverständlich tragen hierfür auch die Teilnehmer eine hohe Eigenverantwortung und sollten durch das Einfordern notwendiger Maßnahmen auch ihr Interesse an einer beruflichen Entwicklung deutlich machen. Trotzdem sind sie in den meisten Fällen darauf angewiesen, dass sie bei der Planung und Auswahl sowie Durchführung von Entwicklungsmaßnahmen durch den Personalbereich bzw. ihren Vorgesetzten unterstützt werden. Aufgabe des Personalbereichs ist hierbei z. B. die Unterstützung bei der Auswahl richtiger Fördermaßnahmen und die Empfehlung von Anbietern für die Teilnahme an Qualifizierungen und Seminaren. Der Vorgesetzte ist hinsichtlich der Gestaltung von On-the-Job-Lernfeldern wie z. B. Hospitation, Rotation, Aufgabenerweiterung, Projektarbeiten, Begleitungen etc. gefragt.

Eine der wichtigsten Empfehlungen, die wir hinsichtlich der Minimierung einer Verlierer-Problematik geben können, ist eine ehrliche und offene Kommunikation der Zielsetzung einer Potenzialeinschätzung und in diesem Sinne eine Einhaltung gegebener Versprechen. Leider kommt es immer wieder vor, dass Potenzialeinschätzungen mit der Aussage kommuniziert werden, dass es sich nicht um Auswahlentscheidungen handele, sondern um reine Maßnahmen zur Ermittlung von Entwicklungspotenzialen und notwendigem Entwicklungsbedarf. Viel zu oft erleben wir jedoch, dass am Ende einer Potenzialeinschätzung z. B. aufgrund der überraschenden Ergebnisse einzelner Teilnehmer diese plötzlich doch für Personalentscheidungen herangezogen werden. So haben wir es z. B. erlebt, dass Ergebnisse trotz einer im Vorfeld anders lautenden Kommunikation genutzt wurden, um Führungskräfte von ihren Führungsaufgaben zu entbinden. Bei einem solchen Vorgehen ist es nicht verwunderlich, wenn das Potenzialanalyseverfahren keine Akzeptanz bei den Mitarbeitern und Führungskräften findet und auch die Ergebnisse, die ermittelt werden, sehr kritisch betrachtet werden. Auch wird klar, warum Mitarbeiter vor der Teilnahme an einer solchen Potenzialeinschätzung deutliche Ängste haben und die Potenzialanalyse primär als Belastung und Stress erleben.

Unserer Einschätzung nach spricht nichts dagegen, in Unternehmen klar und eindeutig zu kommunizieren, dass ein bestimmtes Verfahren genutzt wird, um auch Personalentscheidungen zu treffen. Weiß jeder Teilnehmer im Vorfeld, was die Zielsetzung ist, und dass diese auch umgesetzt wird, weiß er auch, worauf er sich einlässt. Unnötige Frustration und Ärger können vermieden werden. Falsche Versprechungen sind dagegen schnell auch mal das „Aus" eines Verfahrens, egal wie gut dieses von der Konzeption und Durchführung her ist.

Um der Verlierer-Problematik weiter entgegenzuwirken, können Potenzialeinschätzungsverfahren so gestaltet werden, dass dem Teilnehmer eine wiederholte Teilnahme möglich ist. D. h., wird bei einem Mitarbeiter in einer ersten Potenzialeinschätzung noch nicht das notwendige Potenzial gesehen, um z. B. in einen Nachwuchsförderkreis zu gelangen, sollte ihm die Option offengehalten werden, nach einem gewissen Entwicklungszeitraum, in dem für ihn unterstützende Entwicklungsmaßnahmen umgesetzt werden, noch einmal an der Potenzialanalyse teilzunehmen.

Ein weiterer wichtiger Aspekt, um Verlierer-Problematiken zu minimieren, sind auch die Fragen: „Wer nimmt an Potenzialanalysen teil und wie erfolgt die Auswahl der Teilnehmer?" In vielen Unternehmen erfolgt die Auswahl über die Benennung durch die Führungskräfte, was auch gut und richtig ist, da die Führungskräfte ihre Mitarbeiter und deren Potenziale und Kompetenzen am besten einschätzen können sollten. Hierbei stehen wir allerdings vor der bekannten Herausforderung, dass Einschätzungen von Vorgesetzten auch einen hohen subjektiven Faktor haben und eine Empfehlung zur Teilnahme an einer Potenzialanalyse häufig durch Sympathiefaktoren beeinflusst wird und nicht rein kompetenzbasiert begründet ist. Durchaus bekannt ist auch das gegenteilige Phänomen, dass Teilnehmer, die sich mit ihrem Vorgesetzten nicht so gut verstehen, von diesem auch keine Empfehlung zur Teilnahme an der Potenzialanalyse erhalten.

Je nachdem, mit welcher Zielsetzung eine Potenzialeinschätzung erfolgt, kann es ein hilfreicher Schritt sein, dass die von Vorgesetzten abgegebenen Empfehlungen zur Teilnahme an einer Potenzialanalyse in einer Performance-Konferenz (vgl. Abschnitt 9.2.6) noch einmal kritisch hinterfragt werden.

Ergänzend kann von den Teilnehmern, die an einer Potenzialanalyse teilnehmen wollen und hierfür eine Empfehlung haben, ein Motivationsschreiben (vgl. Abschnitt 9.2.7) verfasst werden. Zu Fragen, die sich aus dem Motivationsschreiben ergeben, kann das Gespräch mit den Teilnehmern gesucht werden, um darauf aufbauend eine Entscheidung zur Teilnahme an einer Potenzialanalyse zu treffen. Auch dieses Vorgehen bietet eine Überprüfung der Eignung bzw. der Empfehlung durch die Führungskraft.

Auch und gerade zur Minimierung der Verlierer-Problematik ist die bereits in Kapitel 9.2 beschriebene Bekanntheit der Potenziale und Kompetenzen von Mitarbeitern im Unternehmen ein wichtiger Aspekt. Fehlt eine bereichsübergreifende Information zu Talenten, kann gerade dieser Aspekt die eigentlichen „Gewinner" des Verfahrens schlussendlich zu Verlierern werden lassen, weil ihr Potenzial zwar dem eigenen Vorgesetzten und vielleicht auch noch der Personalabteilung bekannt ist, aber sonst im Unternehmen niemand darüber Kenntnis hat. Immer wieder berichten Teilnehmer, dass sie zwar an einer Potenzialanalyse teilgenommen haben, danach aber nichts weiter passiert ist. Ggf. waren sie noch für ein paar Jahre im Förderpool und Förderkreis, da ihre Kompetenzen und Potenziale aber im Unternehmen nicht bekannt waren, wurde bei der Besetzung von Positionen auch nie auf sie zugegriffen. Die einzige Chance besteht dann für diese Mitarbeiter darin, Bewerbungen zu schreiben, wenn sie erfahren, dass interessante Positionen vakant sind. In größeren Unternehmen und z. T. auch in global agierenden Unternehmen gibt es daher globale Datenbanken, die die Potenziale und Kompetenzen von Nachwuchskräften beschreiben und somit auch einen unternehmensweiten Zugriff auf Potenzial- und Leistungsträger ermöglichen. Es ist sicherlich zu überlegen, wie dieser oder andere Wege im eigenen Unternehmen realisiert werden können, ohne dabei die betriebsverfassungsrechtlichen oder datenschutztechnischen Aspekte zu missachten.

Insgesamt wird die Einschätzung von Teilnehmern, ob sie Gewinner oder Verlierer einer Potenzialeinschätzung sind, auch sehr stark damit korrelieren, wie die Ergebnisse in der internen Unternehmenskommunikation bewertet werden. Wird hier von gut und schlecht geredet, wird hier von Verlierern und Gewinnern geredet oder wird hier ggf. einfach von neutral zu betrachtenden Chancen gesprochen?

Häufig kommt ein schlechtes Image einer Potenzialeinschätzung auch aufgrund von Widerständen der Arbeitnehmervertretung zustande, die sich – z. T. vielleicht berechtigt – darum sorgt, dass gegen grundlegende Interessen der Mitarbeiter im Rahmen des Verfahrens verstoßen wird. Dieser Widerstand lässt sich am leichtesten auffangen, indem Sie die Arbeitnehmervertretung sehr früh in die Entwicklung und Kommunikation einer geplanten Potenzialeinschätzung einbeziehen. Machen Sie deutlich, dass es nicht darum geht, eine Negativauswahl zu treffen, sondern darum, den Mitarbeitern des Unternehmens reale Chancen für ihre berufliche Entwicklung aufzuzeigen. Selbstverständlich muss dabei auch das Recht des Unternehmens beachtet werden, in sehr leistungsstarke und leistungsmotivierte Mitarbeiter mehr zu investieren als in Mitarbeiter, die diese besonderen Leistungsanforderungen nicht erfüllen wollen oder können.

Vor diesem Hintergrund ist es darüber hinaus von zentraler Bedeutung, dass im Management und im Personalbereich vor der Etablierung von Potenzialeinschätzung abschließend geklärt wird, wie das Verfahren und der Umgang mit den Ergebnissen im Unternehmen kommuniziert werden. Wesentlich ist dann, die Führungskräfte des Unternehmens auf diese Kommunikation einzuschwören. Entscheidend für den Erfolg dieser Strategie ist, dass tatsächlich entsprechend der Kommunikation – also der gegebenen Versprechen – gehandelt wird. Denn unserer Einschätzung nach gibt es keinen Grund für den Mitarbeiter, mit einer Potenzial- oder Kompetenzanalyse negative Aspekte zu verbinden – sie ist eine Chance für alle Beteiligten.

Selbstverständlich sollten Sie auch darauf eingestellt sein, dass bestimmte Mitarbeiter nach einer für sie nicht vorteilhaft gelaufenen Potenzialeinschätzung das Unternehmen verlassen und an anderer Stelle versuchen, die von ihnen angestrebte Position zu erreichen. Akzeptieren Sie diesen Entschluss und stehen Sie zu Ihrer Entscheidung, dass dieser Mitarbeiter in Ihrem Haus nicht der Richtige war, um weiterführende Positionen einzunehmen. Sie haben diese Entscheidung durch eine sorgfältige und valide Potenzialanalyse getroffen.

Literaturverzeichnis

Betriebsverfassungsgesetz (BtrVG). vom 15. Januar 1972. i.d.F. vom 25. September 2001 (BGBl. I S. 2518).

Binder GmbH, VDMA (2008). *Kooperationsstudie zur Arbeitgeberattraktivität.* http://www.binder-world.com/mediadb/news/downloads/auswertung-kooperationsstudie-binder-vdma.pdf.

Breisig, T., Schulze, H. (1998). *Das mitbestimmte Assessment-Center.* Baden-Baden: Nomos.

Deutsche Gesellschaft für Personalführung e.V. (DGFP), Bertelsmann Stiftung (2004). *Was Arbeitgeber attraktiv macht,* in: PraxisPapiere. 4/2004. Düsseldorf.

Gallup GmbH (2009). *Engagement Index Deutschland 2008.* Potsdam.
Zu beziehen über: Gallup GmbH, Berliner Straße 62, 14467 Potsdam.

Hanseatische Personalkontor Deutschland, Leuphana Universität Lüneburg. (2008). *Fluktuationsneigung bei Fach- und Führungskräften.* Lüneburg.
Zu beziehen über: Hanseatisches Personalkontor, Kleine Johannisstraße 10, 20457 Hamburg.

Hewitt Associates (2008). *Best Employers 2007/2008 Central and Eastern Europe.* Illinois, USA. Zu beziehen über: Hewitt Associates Germany.

Hossiep, R., Paschen, M., Mühlhaus, O. (2000). *Persönlichkeitstests im Personalmanagement.* Göttingen: Verlag für angewandte Psychologie.

Lorenz, M., Rohrschneider, U. (2007). *Praxishandbuch für Personalreferenten.* Frankfurt/Main: Campus Verlag.

Lorenz, M., Rohrschneider, U. (2009). *Erfolgreiche Personalauswahl – schnell, sicher und durchdacht.* Wiesbaden: Gabler Verlag.

Obermann, C. (2009). *Assessment-Center. Entwicklung, Durchführung, Trends.* 4. Auflage. Wiesbaden: Gabler Verlag.

Schimmel-Schloo, M., Seiwert, L. J., Wagner, H. (Hrsg.) (2002). *Persönlichkeitsmodelle.* Offenbach: Gabal Verlag.

Schulze, R. (2009). *Talentmanagement. Woran es oft noch immer hapert,* in: Wirtschaftspsychologie aktuell. Heft 3. S. 25 f. Göttingen: Hogrefe Verlag.

Simon, W. (2007). *GABALs großer Methodenkoffer. Persönlichkeitsentwicklung.* Offenbach: GABAL Verlag.

The Boston Consulting Group & World Federation of Personnel Management Associations (Eds.) (2008). *Creating people advantage: How to adress HR-challenges worldwide through 2015.* Boston: The Boston Consulting Group.

Wübbelmann, K. (Hrsg.) (2005). *Handbuch Management Audit.* Göttingen: Hogrefe Verlag.

Wübbelmann, K. (2006). *Interviews: Zentrale Methode im Management Audit.* http://www.managementaudit.de/web/downloads/artikel.php.

Die Autoren

Uta Rohrschneider ist Geschäftsführerin der grow.up Managementberatung GmbH, Gummersbach. Auf Grundlage ihrer langjährigen Erfahrung als Leiterin der Personal- und Führungskräfteentwicklung eines mittelständischen Unternehmens berät sie seit 1997 Kunden in Fragen des Human Ressource Management und der Konzeption, Implementierung und Umsetzung von Personalentwicklungsprozessen sowie der Management-Diagnostik. In der Qualifizierung von Mitarbeitern und Führungskräften liegen ihre Schwerpunkte in den Bereichen Führung, Team- und Persönlichkeitsentwicklung sowie Kommunikation. Als Coach unterstützt Uta Rohrschneider Führungskräfte bei der Übernahme herausfordernder Aufgaben sowie in beruflichen und persönlichen Veränderungsprozessen. Uta Rohrschneider ist zudem Reiss-Profile-Instructor und leitet regelmäßig Ausbildungsseminare zum Reiss-Profile-Master.

Sarah Friedrichs ist Managementberaterin und Trainerin bei der grow.up. Managementberatung in Gummersbach. Bereits während ihres Studiums der Psychologie mit dem Schwerpunkt Arbeits-, Betriebs- und Organisationspsychologie unterstützte sie die internationale Führungskräfteentwicklung eines weltweit agierenden Konzerns der Automobilbranche. Als Beraterin gestaltet sie umfassende Projekte in der Personalentwicklung und berät Unternehmen u.a. in der Konzeption, Implementierung und Durchführung von firmenspezifischen Verfahren der Potenzialanalyse. In der Qualifizierung von Führungskräften und Mitarbeitern liegen ihre Schwerpunkte in den Bereichen Kommunikation, Teambuilding und -entwicklung sowie Methodenkompetenzen.

Michael Lorenz ist Geschäftsführer der grow.up. Managementberatung GmbH und berät nationale und internationale Kunden seit 1988 in allen Fragen der HR-Strategie, der Personalentwicklung und der Management-Diagnostik. Schwerpunkte seiner Arbeit liegen in der Prozessbegleitung und Moderation bei strategischen Neuausrichtungen und Umstrukturierungen von Unternehmen. In individuellen Coachings begleitet Michael Lorenz Manager bei persönlichen Veränderungs- und Entwicklungsprozessen in Führungs- und Positionierungsfragen. Er ist zudem Lehrbeauftragter der Steinbeis Hochschule Berlin für den Studiengang der Medien-MBA und Finanz-MBA. Zuvor war Michael Lorenz als Geschäftsführer der Kienbaum Management Consultants GmbH tätig.

Mitarbeiter erfolgreich führen

↗

Von der Natur für die Führungspraxis lernen

Mit Erkenntnissen der Evolutionsbiologie die „weichen" Verhaltensfaktoren wie Sympathie, persönliches Kennen und gegenseitiges Vertrauen mit den „harten" sozialen Regeln des Handelns erfolgbringend verschränken.

Klaus Dehner
Die Bindungsformel
Wie Sie die Naturgesetze des gemeinsamen Handelns erfolgreich anwenden
2010. 192 S.
Geb. EUR 39,90
ISBN 978-3-8349-1393-7

Mit verändertem Denken Leistungsniveau steigern

Ein Praxisratgeber, der Führungskräfte pragmatisch dabei unterstützt, Talent-Management, also Personalführung und -entwicklung, professionell in ihren Alltag zu integrieren. Durch die sehr praxisorientierte Herangehensweise, die auf über 10 Jahren Coaching-Erfahrung mit Führungskräften beruht, sowie eine Reihe realer Praxisfälle erhält der Leser erprobte Ansätze, wie er seine eigenen Denk- und Verhaltensmuster verändern kann, um seiner Verantwortung als Talent-Manager besser gerecht zu werden und seine Attraktivität als Arbeitgeber ebenso wie das Leistungsniveau in seinem Bereich zu steigern.

Jochen Gabrisch
Die Besten managen
Erfolgreiches Talent-Management im Führungsalltag
Mit zahlreichen Beispielen aus der Coaching-Praxis
2010. 237 S. mit 32 Abb.
Br. EUR 34,95
ISBN 978-3-8349-1872-7

Worauf es beim Führen wirklich ankommt

Was zeichnet gute Führung aus? Welche Führungsansätze sind wichtig und praxisnah? Daniel F. Pinnow, Geschäftsführer der renommierten Akademie für Führungskräfte, zeigt in diesem Kompendium, worauf es wirklich ankommt.

Daniel F. Pinnow
Führen
Worauf es wirklich ankommt
4. Aufl. 2009. 321 S.
Geb. EUR 42,00
ISBN 978-3-8349-1753-9

Änderungen vorbehalten. Stand: Februar 2010.
Erhältlich im Buchhandel oder beim Verlag
Gabler Verlag . Abraham-Lincoln-Str. 46 . 65189 Wiesbaden . www.gabler.de

Kommunikation und Management

So beherrschen Sie und Ihr Unternehmen die E-Mail-Flut

Die Anzahl der E-Mails in Unternehmen nimmt unaufhörlich zu. Welche Maßnahmen geeignet sind, dieser aufkommenden E-Mail-Flut wirkungsvoll zu begegnen, zeigt dieses Buch.

Lars Becker
Professionelles E-Mail-Management
Von der individuellen Nutzung zur unternehmensweiten Anwendung
2009. 192 S.
Geb. EUR 44,90
ISBN 978-3-8349-1133-9

Praxisorientierte Anleitung zum Ausbau Ihrer Meta-Fähigkeiten

Management Skills sind Schlüsselqualifikationen, die neben der reinen Fachkompetenz nachhaltige Wettbewerbsvorteile darstellen und so zu beruflichem und privatem Erfolg führen. Die Autoren zeigen auf, wie Sie effektiv kommunizieren, aussagekräftig präsentieren und beziehungsorientiert interagieren.

Ingo Kett / Gerhard Schewe
Management Skills
Beziehungen nutzen, Probleme lösen, effektiv kommunizieren
2010. XVI, 208 S. mit 99 Abb.
Geb. EUR 39,90
ISBN 978-3-8349-1880-2

Interne Kommunikation - praxisbewährt und ganzheitlich auf den Punkt gebracht

In fast jedem Unternehmen ist die interne Kommunikation ein verbesserungsfähiger Schlüsselfaktor. Wie die richtige interne Kommunikation Mitarbeiterzufriedenheit, Reputation und die eigene Führung stärkt, schildert dieses Buch anschaulich und fundiert.

Guido Wolf
Der Business Discourse
Effizienz und Effektivität der unternehmensinternen Kommunikation
2010. 208 S.
Geb. EUR 39,90
ISBN 978-3-8349-1425-5

Änderungen vorbehalten. Stand: Februar 2010.
Erhältlich im Buchhandel oder beim Verlag
Gabler Verlag . Abraham-Lincoln-Str. 46 . 65189 Wiesbaden . www.gabler.de